高等职业院校信息技术应用"十三五"规划教材

C语言
程序设计教程 微课版

The C Programming Language Tutorial

张丹阳 柴君 ◎ 主编

朱云霞 刘鹏 张熙 ◎ 副主编

翟自强 ◎ 主审

人民邮电出版社

北 京

图书在版编目（ＣＩＰ）数据

C语言程序设计教程：微课版 / 张丹阳，柴君主编
. —— 北京：人民邮电出版社，2018.1（2022.6重印）
高等职业院校信息技术应用"十三五"规划教材
ISBN 978-7-115-46802-4

Ⅰ．①C… Ⅱ．①张… ②柴… Ⅲ．①C语言－程序设
计－高等职业教育－教材 Ⅳ．①TP312.8

中国版本图书馆CIP数据核字(2017)第215541号

内 容 提 要

本书以 C 语言作为语言载体，讲述了程序设计的基础知识、基本算法和编程思想，在语法知识学习的基础上，重点放到了编程能力的培养上，其目的是使学生学习 C 语言程序设计之后，能结合实际获得基本的编程能力。全书共分为十二个项目：项目一介绍 C 语言的特点、语法成分、程序结构等；项目二介绍常见的算法表达形式；项目三、四、五、六介绍 C 语言的基本语法和基本程序结构；项目七、九、十一、十二介绍 C 语言是如何用数组、指针、结构体、文件来组织数据的，并结合项目八完成基本的模块化设计；项目十简单介绍了 C 语言的编译预处理。

作者在编写过程中针对初学者的特点，对 C 语言做了周密划分，使得本书内容丰富、结构清晰、体系合理。本书中的实例丰富、布局合理，很好地带动了知识点学习。本书对其中的重点内容配备了微视频及其他资源，以便于教师教学和学生自学。

本书适合作为高职高专院校计算机相关专业和有编程需求的其他工科专业学生的程序设计基础课程教材，也可供上述专业的从业人员阅读参考。

◆ 主　　编　张丹阳　柴　君

　　副 主 编　朱云霞　刘　鹏　张　熙

　　主　　审　翟自强

　　责任编辑　刘　佳

　　责任印制　马振武

◆ 人民邮电出版社出版发行　北京市丰台区成寿寺路 11 号

　　邮编　100164　电子邮件　315@ptpress.com.cn

　　网址　http://www.ptpress.com.cn

　　固安县铭成印刷有限公司印刷

◆ 开本：787×1092　1/16

　　印张：13　　　　　　　　　　2018 年 1 月第 1 版

　　字数：316 千字　　　　　　　2022 年 6 月河北第 10 次印刷

定价：39.80 元

读者服务热线：(010)81055256　印装质量热线：(010)81055316
反盗版热线：(010)81055315
广告经营许可证：京东市监广登字20170147号

前言
Foreword

C 语言作为一门在编程语言排行榜位列前十的程序设计语言，具有语法简洁、功能丰富、使用灵活等特点，同时与其他流行的编程语言有密切的联系，非常适合作为高职高专计算机编程基础课程的教学内容。

作为一本适合于高职高专初学者学习的 C 语言教程，既要让学生易于入门，又要让学生初步掌握程序设计的方法与技巧，因此本书的编写思路和结构如下。

1. 本书难点分散、循序渐进。每一个项目都引入新的概念和知识，每一部分存在递进关系，而且递进度不高，减少了学习的困难，容易有学习的"获得感"，同时也满足不同层次人员的需要。根据作者多年的教学实践，这种安排有较好的教学效果。

2. 本书以 C 语言最基本的部分为主，不涉及过多的细节。如果一味追求面面俱到，反而抓不住重点。这同样适用于本书的初学者，学习中应先把注意力放在知识能力的主干上，更多的细节部分在编程实践中再加以完善。

3. 本书的前 6 个项目是 C 语言的基础部分，主要介绍了 C 语言的基本语法成分，包括数据和数据类型、运算符表达式、三种基本结构等内容，并介绍了算法的表达形式；后 6 个项目是 C 语言的提高部分，主要介绍了 C 语言程序的组织方式——函数和数据的组织方式——数组、指针、结构体、共用体、枚举、文件等内容。项目中的每个学习任务都以问题和需求为引导，以新概念、新知识为基石，以任务实现为目标来编排内容。

本书以高职高专计算机相关专业和其他工科专业的学生为主要使用对象，也可作为全国计算机等级考试的参考书。作者建议采用理论实践一体化教学模式，参考学时见下面的学时分配表。

学时分配表

项　　目	课 程 内 容	学　　时
项目一	初识 C 语言	4
项目二	描述程序的算法	4
项目三	认识基本数据和运算	16
项目四、五、六	设计顺序、选择、循环结构程序	28
项目七	使用数组	10
项目八	使用函数	12
项目九	使用指针	28
项目十	认识编译预处理	2
项目十一	使用结构体和共用体	12
项目十二	操作文件	6
	综合练习	6
课时总计		128

本书融入了大量学生容易出现问题和理解偏差的典型例题，并配备了习题、微课视频、教学课件等教学资源，方便学生在课堂之外巩固提高。本书在编写中力求重点突出、难易适中，在强调知识原理的基础上，注重思维训练，提高学生程序编写的能力。本书由天津电子信息职业技术学院的张丹阳、柴君任主编，天津电子信息职业技术学院的朱云霞、刘鹏、张熙任副主编，天津电子信息职业技术学院的翟自强任主审，其中的项目一、项目二、项目十一由张丹阳编写，项目九由柴君编写，项目三、项目七、项目八由朱云霞编写，项目四、项目五、项目六由刘鹏编写，项目十、项目十二由张熙编写，全书由张丹阳统筹安排并统稿。

由于作者水平有限，加之时间仓促，书中难免有不足和不妥之处，恳请广大读者批评指正，并提出宝贵意见。

编者

2017 年 6 月

目录
Contents

项目一

初识C语言

人与人之间需要借助语言进行交流，在家乡可以使用方言交流，在外地求学需要用普通话交流等。类似地，人与计算机之间的交流也需要语言，这就是计算机程序设计语言。C语言作为一门传统的面向过程的程序设计语言，被很多高校作为第一门程序设计教学语言，是基本的语言，很适合入门级的学习，而有了C语言的基础，将来也很容易过渡到C#、Java、C++等其他语言。

➜ 课堂学习目标

- 初识编程语言的历史
- 认识C语言

任务一 初识编程语言的历史

任务要求

小明考上大学后选择了学习计算机相关专业，他已经具备了基本的计算机操作能力，上网、打游戏、听音乐、看视频，或者用 QQ、微信和同学联系，这些都是他日常计算机的使用项。作为计算机相关专业的学生，小明知道浏览器、游戏、音乐视频播放器等计算机软件或者手机 QQ、微信、滴滴出行等手机 APP 都是由程序员通过程序设计语言开发出来的，现在他迫切地想知道编程语言的前世今生。

本任务要求了解程序设计语言的发展历程，了解 C 语言在其中的地位，熟悉程序设计语言中的常用术语，并了解学习程序设计语言的注意事项和着力点。

任务实现

（一）了解编程语言的诞生及发展过程

为了让计算机完成一系列的操作，必须事先编写好一条条指令存入到计算机之中。比如一条指令要求计算机完成一次加法运算，另一条指令要求将运算结果打印输出到显示器等。

而日常所谓的"程序"或者"软件"，实际上就是一组指令的集合。每一条指令要求计算机完成特定操作，从而使计算机能够有条不紊地完成特定工作。平时我们使用计算机，实际上就是在使用这些程序软件，比如要上网，就打开浏览器软件；要进行文字处理，就打开 Word 软件；要联系同学，就打开 QQ 或微信软件等。这些软件都是计算机软件设计人员使用特定的程序设计语言，根据需要设计好的，从而提供给我们使用。作为即将开始学习程序设计的同学来说，也可以使用程序设计语言来编写一些个性化的小软件，既能更好地学习编程语言，也能满足自己的一些计算机操作需求。

程序设计语言是用来定义计算机程序的一组记号和一组语法规则，它是一种被标准化了的人机交流语言，用来向计算机发出指令。一种程序设计语言让程序开发人员能够准确地定义计算机所需的数据，并精确地定义在不同情况下所应该采取的行动。尽管科学家们一直试图创造一种通用的计算机程序设计语言，但到目前为止这种尝试还没有成功，并且还丝毫没有规范到统一语言的迹象。因此就出现了形形色色的上百种程序设计语言。

程序设计语言经历了以下几个发展阶段。

1. 机器语言

1946 年第一台现代计算机 ENIAC 问世。它用真空管做计算，比当时最快的电动机械计算机快了 300 倍（300 次乘法运算/秒），它的存储器非常小，计算指令（即程序）由外部插座和开关输入。

1946 年冯·诺依曼在一篇论文中建议：计算机应采用二进制，指令和数据都可以存放在存储器内。这奠定了现代计算机的著名的冯·诺依曼原理：

CPU 逐条从存储器中取出执行指令，按指令取出存储的数据经运算后送回。数据和指令（存储地址码、操作码）都统一按二进制编码输入。数据值的改变是重新赋值，即强行改变数据存储槽的内容，所以说它是命令式的。

1951 年美国兰德公司制造了第一台按冯·诺依曼原理设计的通用自动计算机 UNIVA C-1。

由于当前计算机的设计都是冯·诺依曼原理规定的二进制的，所以从根本而言，计算机只能接受由 0 和 1 构成的指令，这就是机器语言。

早期计算机指令的长度一般为 16，即以 16 位二进制数组成一条指令，比如用 10110110 00000000 这 16 个 0 和 1 的组合去要求计算机完成一次加法运算。

为了让计算机执行自己的意图，需要编写很多指令，然后用纸带穿孔机及人工的方法在特制的纸带上穿孔，在指定位置上有孔代表 1，无孔代表 0，很显然一个程序需要很长的一卷纸带。运行此程序时，就将纸带装入光电输入机，当光电输入机读取纸带信息时，有孔处产生一个电脉冲，从而变成电信号让计算机执行指令。这种计算机能直接识别和执行的二进制指令称为机器指令，机器指令的集合就是机器语言，在语言的语法规则中规定了各种指令的表现形式及它的作用。

计算机发明之初，人们只能降尊纡贵，用计算机的语言命令计算机实现要求。使用机器语言是十分痛苦的，特别是在程序有错需要修改时，更是如此。而且，由于每台计算机的指令系统往往各不相同，所以，在一台计算机上执行的程序，要想在另一台计算机上执行，必须另编程序，造成了重复工作。但由于使用的是针对特定型号计算机的语言，故而运算效率是所有语言中最高的。

机器语言是第一代计算机语言。很显然，机器语言和人类的语言差别太大，难以记忆、难以学习、难以编写、难以检查、难以修改，因此无法推广使用。

2. 符号语言

纯数字的指令有诸多缺点，又极易出错，即使是最顶尖的计算机专家们也不堪其苦。为了减轻使用机器语言编程的痛苦，人们进行了一种有益的改进，创造出了符号语言，它用一些英文字符和数字表示指令，比如：

ADD A, B

该指令将寄存器 A 中的数加上寄存器 B 中的数，再放到寄存器 A 中。

很显然，这样一来，相较于机器语言，人们比较容易读懂并理解程序在干什么，纠错及维护都变得方便一些，这种程序设计语言称为汇编语言，即第二代计算机语言。由于汇编语言十分依赖于机器硬件，与机器指令存在着直接的对应关系，因此这种"贴近"计算机的特性称之为"低级语言"，但汇编语言的出现说明两件事：

一是开始了程序设计"源代码—自动翻译器目标代码"的使用方式。

二是计算机语言开始了宜人方向的进程。

计算机是不认识这些汇编语言符号的，这就需要一个专门的程序，专门负责将这些符号翻译成二进制数的机器语言。这种翻译程序被称为汇编程序。汇编程序同样十分依赖于机器硬件，移植性不好，但效率十分高，针对计算机特定硬件而编制的汇编语言程序，能准确发挥计算机硬件的功能和特长，程序精炼且质量高，所以至今仍是一种常用而强有力的软件开发工具。从软件工程角度来看，只有在高级语言不能满足设计要求，或不具备支持某种特定功能的技术性能(如特殊的输入输出)时，汇编语言才被使用。

3. 高级语言

从最初与计算机交流的痛苦经历中，人们意识到，应该设计一种这样的语言，这种语言接近于数学语言或人的自然语言，同时又不过分依赖于计算机硬件，编出的程序能在多数机器上通用。

第一个高级程序设计语言诞生于 20 世纪 50 年代。当时的计算机非常昂贵，而且功能非常之少，如何有效地使用计算机是一个相当重要的问题；另一方面，计算机的执行效率也是人们追求的。为了有效地使用计算机，人们设计出了高级语言，用以满足用户的需求。用高级语言编写的程序需要经过翻译，计算机才能执行。虽然程序翻译占去了一些计算时间，在一定程度上影响了计算机的使用效率，但是实践证明：高级语言是有效地使用计算机与计算机执行效率之间的一个很好的折中手段。经过努力，1954 年第一个完全脱离机器硬件的高级语言——FORTRAN 问世了。

1954 年 John Backus（约翰·巴克斯）在 IBM 带领他的研究小组，研究创造出第一个脱离机器的高级语言 FORTRAN I，其编译程序是 18 个人用时一年完成（采用汇编语言编写）。1957 年的 FORTRAN II 就比较完善了。它有变量、表达式、赋值、调用、输入输出等概念；有满足科学计算的整数、实数、复数和数组，以及为保证运算精度的双精度等数据类型，表达式采用代数模型。FORTRAN 的出现使当时以科技计算为主的软件生产提高了一个数量级，奠定了高级语言的地位。FORTRAN 也成为计算机语言界的英语式的世界语。

1958 年欧洲计算机科学家的一个组织 GAMM（德国应用数学和机械学协会）和美国计算机协会 ACM 的专家在苏黎士会晤起草了一个"国际代数语言 IAL"的报告，随后这个委员会研制了 ALGOL 58，得到了广泛支持和响应。1960 年欧美科学家再度在巴黎会晤，对 ALGOL 58 进行了补充，这就是众所周知的 ALGOL 60。1962 年罗马会议上对 ALGOL 60 再次修订并发表了"算法语言 ALGOL 60 的修订报告"。由于该报告对 ALGOL 60 的定义采用了相对严格的形式语法，因此 ALGOL 语言为广大计算机工作者所接受，特别是在欧洲。但美国 IBM 公司，当时经营世界总额 75%的制造商，一心要推行 FORTRAN，不支持 ALGOL，以致 ALGOL 60 始终没有大发展起来。尽管如此，ALGOL 60 在程序设计语言发展史上仍是一个重要的里程碑。

1959 年为了开发在商用事务处理方面的程序设计语言，美国各厂商和机构组成了一个委员会，在美国国防部支持下于 1960 年 4 月发表了数据处理的 COBOL 60 语言。COBOL 60 的控制结构比 FORTRAN 还要简单，但数据描述大大地扩展了，除了表（相当于数组）还有记录、文件等概念。COBOL 60 虽然繁琐（即使一个空程序也要写出 50 个符号），但其优异的输入输出功能，方便快速的报表、分类归并，使它存活并牢固占领商用事务软件市场，直到今天在英语国家的商业领域还有重要的地位。1963～1964 年美国 IBM 公司组织了一个委员会，试图研制一个功能齐全的大型语言，希望它兼有 FORTRAN 和 COBOL 的功能，有类似 ALGOL 60 完善的定义及控制结构，名字就叫程序设计语言 PL/1。程序员可控制程序发生异常情况的异常处理、并行处理、存储控制等，所以其外号叫"大型公共汽车"。它是大型通用语言的第一次尝试，提出了许多有益的新概念、新特征。但由于过于复杂，数据类型自动转换太灵活，可靠性差、低效，使它没有普及起来。

1967 年为了普及程序语言教育，美国达特茅斯学院的约翰·凯默尼（John G. Kemeny）和托马斯·库茨（Thomas E. Kurtz）研制出交互式、解释型语言 BASIC。由于解释程序小（仅 8KB），赶上 20 世纪 70 年代微机大普及，BASIC 取得了众所周知的成就。但是它的弱类型、全程量数据、无模块决定了它只能编制小程序。它是程序员入门的启蒙语言。

20 世纪 60 年代中后期，软件越来越多，规模越来越大，而软件的生产基本上是各自为战，缺乏科学规范的系统规划与测试、评估标准，其恶果是大批耗费巨资建立起来的软件系统，由于含有错误而无法使用，甚至带来巨大损失，软件给人的感觉是越来越不可靠，以致于几乎没有不出错的软件。这一切极大地震动了计算机界，史称"软件危机"。它是由于 1962 年美国金星探测卫星"水手二号"发射失败而引发关注的。经多方测试在"水手一号"发射不出错的程序在"水手二号"出了问题。软件无法通过测试证明它是正确的。于是，许多计算机科学家转入对程序正确性证明的研究，人们认识到：大型程序的编制不同于写小程序，它应该是一项新的技术，应该像处理工程一样处理软件研制的全过程。程序的设计应易于保证正确性，也便于验证正确性。1969 年，结构化程序设计方法被提出。

1970 年，尼古拉斯·沃斯（Niklaus Wirth）带领研究团队发表了著名的 PASCAL，标志着结构化程序设计时期的开始。PASCAL 的研制者一开始就本着"简单、有效、可靠"的原则设计语言，它有完全结构化的控制结构，是结构化程序设计教育示范语言。在人们为摆脱软件危机而对结构化程序设计寄予极大希望的时候，PASCAL 很快获得普及，它也是对以后程序语言有较大影响的里程碑式的语言。而 FORTRAN、COBOL 也走上了结构化改造之路，力图在新的竞争中保全自己的地位。

20 世纪 70 年代是微机大发展的时代，设计精巧的小型过程语言借微机普及得到发展。C 语言就是在这种情况下成长起来的优秀语言。

1972 年，AT&T 公司贝尔实验室丹尼斯·里奇和肯·汤普森开发了 C 语言。C 语言的原型是系统程序设计语言 BCPL。肯·汤普森将 BCPL 改造成 B 语言，用于重写 UNIX 多用户操作系统。在 PDP-11 机的 UNIX 第五版时用的是将 B 语言改造后的 C 语言。C 扩充了类型(B 是无类型的)。1973 年 UNIX 第五版 90%左右的源程序是用 C 语言写的。它使 UNIX 成为世界上第一个易于移植的操作系统。UNIX 以后发展成为良好的程序设计环境，反过来又促进了 C 语言的普及。

20 世纪 80 年代初开始，在软件设计思想上又产生了一次革命，其成果就是面向对象的程序设计语言。在此之前的高级语言几乎都是面向过程的，程序的执行是流水线似的，在一个模块被执行完成前，人们不能干别的事，也无法动态地改变程序的执行方向。这和人们日常处理事物的方式是不一致的，对人而言是希望发生一件事就处理一件事，也就是说，不能面向过程，而应是面向具体的应用功能，也就是对象（object）。其方法就是软件的集成化，如同硬件的集成电

路一样，生产一些通用的、封装紧密的功能模块，称之为软件集成块，它与具体应用无关，但能相互组合，完成具体的应用功能，同时又能重复使用。使用者只关心它的接口（输入量、输出量）及能实现的功能，至于如何实现，那是它内部的事，使用者完全不用关心。C++、Delphi、Java、C#等就是典型代表，这里不再赘述。

展望未来，高级语言的下一个发展目标是面向应用，也就是说，只需要告诉程序你要干什么，程序就能自动生成算法，自动进行处理。

以下罗列了一些在程序设计语言历史上比较知名和重要的语言。

（1）FORTRAN（FORmula TRANslation）——公式翻译程序设计语言。第一个广泛使用的高级语言，为广大科学和工程技术人员使用计算机创造了条件，1954。

（2）FLOW-MATIC。第一个适用于商用数据处理的语言，其语法与英语语法类似，1956。

（3）IPL-V（Information Processing Language V）——信息处理语言。第一个表处理语言，可看成是一种适用于表处理的假想计算机上的汇编语言，1958。

（4）COMIT（COmpiler Massachusetts Institute for Technology）——马萨诸塞州理工学院编译程序。第一个现实的串处理和模式匹配语言，1957。

（5）COBOL（COmmon Business Oriented Language）——面向商业的通用语言。它是使用最广泛的商用语言，适用于数据处理的高级程序设计语言，1960。

（6）ALGOL 60（ALGOrithmic language 60）——算法语言 60。程序设计语言由技艺转向科学的重要标志，其特点是局部性、动态性、递归性和严谨性，1960。

（7）LISP（LISt Proceesing）——表处理语言。引进函数式程序设计概念和表处理设施，在人工智能的领域内广泛使用，1960。

（8）JOVIAL（Jules Own Version of IAL）——国际算法语言的朱尔斯文本。第一个具有处理科学计算、输入-输出逻辑信息、数据存储和处理等综合功能的语言。多数 JOVIAL 编译程序都是用 JOVIAL 书写的，1960。

（9）GPSS（General-purpose Systems Simulator）——通用系统模拟语言。第一个使模拟成为实用工具的语言，1961。

（10）JOSS（Johnniac Open-Shop System）——第一个交互式语言，它有很多方言，曾使分时成为实用，1964。

（11）FORMAC（FORmula MAnipulation Compiler）——公式翻译程序设计语言公式处理编译程序。第一个广泛用于需要形式代数处理的数学问题领域内的语言，1964。

（12）SIMULA（SIMUlation LAnguage）——模拟语言。主要用于模拟的语言，是 ALGOL 60 的扩充，1966。SIMULA 67 是 1967 年 SIMULA 的改进。其中，引进的"类"概念是现代程序设计语言中"模块"概念的先声。

（13）APL/360（A Programming Language）——程序设计语言 360。一种提供很多高级运算符的语言，可使程序人员写出甚为紧凑的程序，特别是涉及到矩阵计算的程序，1967。

（14）PASCAL（Philips Automatic Sequence CALcul-ator）——菲利浦自动顺序计算机语言。在 ALGOL 60 的基础上发展起来的重要语言，其最大特点是简明性与结构化，1970。

（15）C 结构化程序设计语言的经典，它能完成你想要的一切，1972。

（16）PROLOG（PROgramming in LOGic）。一种处理逻辑问题的语言。它已经广泛应用于关系数据库、数理逻辑、抽象问题求解、自然语言理解等多种领域中，1973。

（17）ADA——一种现代模块化语言，属于 ALGOLPASCAL 语言族，但有较大变动。其主要特征是强类型化和模块化，便于实现个别编译，提供类属设施，提供异常处理，适于嵌入式应用，1979。

（18）C++——面向对象语言，适用于构建对速度和性能要求比较高的大型软件，1980。

（19）Perl——广泛应用于 UNIX/Linux 系统管理的脚本语言，1987。

（20）Python——最好的字符串处理脚本语言，1991。

（21）Ruby——日本人设计的一种被广泛学习使用的动态语言，1993。

（22）JAVA——SUN 公司开发的一种基于 JVM 虚拟机的面向对象的语言，被广泛应用于移动设备，1995。

1995 年后，陆续又有很多知名的语言出现，并在今天的程序设计中扮演重要角色，如 1995 年的 Delphi（Object Pascal）、JavaScript、PHP，2000 年的 ActionScript，2001 年的 C#、Visual Basic .NET，2002 年的 F#、2009 年的 GO 等。

（二）认识 C 语言在编程语言中的地位

程序设计语言有很多，各有各的特点和应用领域，而 C 语言是结构化程序设计语言的经典，它与现在最流行的程序设计语言有千丝万缕的联系。

C 语言最出色的地方在于其高效和贴近机器，而 C++语言最初发布于 1980 年，面向对象语言被认为是解决软件复杂性问题的利器，而当时 C 语言正以席卷系统程序设计领域的势头发展，并向应用领域扩展，故而 C++语言不得不兼容 C 语言。C++语言的面向对象特性看上去使其全面超越了 C 语言，支持者认为 C++语言将迅速把上一代语言挤到陈列馆里去。

但是历史并非如此。究其原因，至少有一部分归咎于 C++语言本身。为了与 C 语言兼容，C++语言被迫做出了很多重大的设计妥协，结果导致语言过分华丽、过分复杂。为了与 C 语言兼容，C++语言并没有采用自动内存管理的策略，从而丧失了修正 C 语言最严重问题的机会。到开放源码社区看看，会发现 C++的应用还是集中在 GUI、游戏和多媒体工具包这些方面，在其他地方较少用到。

虽然 C++语言帮 C 语言往上发展到面向对象了，但是 C++语言只是在 C 语言的基础上改进，它没有从根本上改变。C++语言还是保留了很多 C 语言的设计，舍不得放开，所以 C++语言不是纯正的面向对象程序设计语言。而 JAVA 语言则不同，它摒弃了 C/C++语言那种放不开的劣势，把类的概念彻底地从源文件中释放出来，让一个类就代表一个源文件，以前要做几个源文件，现在就做几个类，再把这几个类放到一个包下面，就可以做更大的程序。所以，JAVA 语言是真正的面向对象的程序设计语言，从根本上说也是 C 语言之后的一种改进语言，纯面向对象的一种编程语言，有了 C 语言的基础，对学习 JAVA 语言会有所帮助，因为在某种程度上 JAVA 语言和 C 语言是比较接近的。

而 C#语言在早期可以看作是 JAVA 语言的翻版，从语言语法与原理上来讲，如出一辙，都是继承自 C 语言的风格，初学者一看到代码段就知道结构。

因此，有资深软件开发专家曾言："C 语言是当今程序员共同的语言，它使程序员能相互沟通。不管通过更现代的语言懂得了多少继承、闭包、异常处理，如果不能理解 while(*s++ = *t++)的作用是复制字符串，那就是在盲目无知的情况下编程，就像是一个医生不懂最基本的解剖学就开处方一样。"

这也是很多高校把 C 语言作为开设的第一门程序设计语言的原因。

（三）熟悉编程语言的相关概念

在程序设计中，有一些名词是需要我们熟悉的。

1. 程序

程序（Program）是为实现特定目标或解决特定问题而用计算机语言编写的命令序列的集合。程序设计（Programming）就是用计算机语言给出解决特定问题程序的过程。

2. 源程序

源程序是由某种特定语言编写出来的符合语法要求的程序代码，这些代码组成的计算机文件称为源文件。源程序经由语言处理程序（汇编程序、编译程序、解释程序）将源程序处理（汇编、编译、解释）成与之等价的机器码，该程序叫目标程序，对应的计算机文件称之为目标文件。把所有得到的目标模块连接装配起来，再与函数库相连接成一个整体的过程叫作程序链接，形成可执行文件。

3. 程序编辑

程序编辑是指将完成一件工作所需要的步骤，也就是算法，用某种计算机语言，按照一定的程序结构编写出来，并最终可被计算机执行的编写代码的全过程。

首先是程序编辑源代码文件；然后用手工或编译程序等方法进行调试，修正语法错误和逻辑错误，这个过程是保证计算机程序正确性的必不可少的步骤；其次进入程序测试（Program Testing）阶段，该阶段是指对一个完成了全部或部分功能、模块的计算机程序在正式使用前的检测，以确保该程序能按预定的方式正确地运行。

目前，软件的正确性尚未得到根本的解决，软件测试仍是发现软件错误和缺陷的主要手段。为了发现程序中的错误，应竭力设计能暴露错误的测试用例。测试用例是由测试数据和预期结果构成的。一个好的测试用例是极有可能发现至今为止尚未发现的错误的测试用例。高效的测试是指用少量的测试用例，发现被测程序尽可能多的错误。软件测试所追求的是以尽可能少的时间和人力发现软件程序产品尽可能多的错误。

（四）了解编程语言的学习方法

"程序设计"说白了就是所谓的编程，这里有一个著名的公式：程序设计=数据结构+算法。程序设计就像盖房子，数据结构就像砖、瓦，而算法就是设计图纸。若想盖房子，首先必须有原料（数据结构），但是这些原料不能自动地盖起想要的房子，必须按照设计图纸（算法）上的说明一砖一瓦地去砌。这样才能拥有想要的房子。程序设计也一样。所以通俗地说：程序设计就是按照特定的规则，把特定的功能语句和基本结构（语法学习）按照特定的顺序（算法设计）排列起来，形成一个有特定功能的程序。

因此，程序设计就像是写英文文章，编程语言就是新学习的英语，首先学习基本语法，打好基础。从基础的词汇、语法开始学习。第一，在初学阶段，作为程序设计门外汉，要首先学好基础语法，语法是基础，以后遇到问题，很多时候都是靠语法和数据结构的功底来解决的。在初学阶段注意不要死抠语法细节，一开始要通过阅读常规程序、编写简单程序来掌握基本语法，更繁杂的语法细枝末节需要更长时间的编程实践才能掌握。

第二，要十分注重编程实践。语法的掌握、编程水平的提升仅靠死记硬背是不够的，更多的是需要通过程序阅读、程序编写练习来获取。程序阅读能帮助学习者快速完成编程能力的积累，而编写练习更有助于学习者将这种积累内化成自身的能力。

第三，要熟练使用编程开发环境。程序的编辑、编译、调试、连接、运行等操作都是在特定开发环境下进行的（比如 C 语言，一般常用的开发环境就是 Visual C++6.0），在整个程序编辑过程中，会遇到很多不懂的问题和知识点，还可能会报出令人恐惧的错误（VC++一条语句会报几十错误，很多初学者就被吓到了！），但这时候就不要被吓倒（有的时候这几十个错误甚至可能是由一个地方引起的），可以说，这正好是考验你的时候，不明白不要紧，花时间能解决掉就行！在不断改错过程中，语法规则、算法逻辑会不断地深入你的记忆。

第四，要记得边学边做。千万不要想着等你把所有东西都学会了再去动手！有很多东西是要边干边学的！

第五，要注重算法积累。虽然高级语言号称是接近人类的自然语言，但首先它需要符合计算机的逻辑，因此，在计算机的算法表达上要适应编程语言的表达方式。初学者要从最基本的算法表达开始积累，逐步学会怎么设计一个算法，进而编写一个程序。

任务二　认识 C 语言

任务要求

小明已经了解了程序设计语言的发展历程，也知道了选择 C 语言为第一门程序设计语言的原因，现在他迫切地想进一步了解 C 语言。

本任务要求了解 C 语言的特点，熟悉 C 语言的基本语法成分，掌握 C 语言的程序结构，并熟悉 C 语言上机编程的步骤。

任务实现

（一）了解 C 语言的特点

C 语言是一种比较流行的高级语言。

1. C 语言的历史

C 语言的祖先是 1967 年英国剑桥大学马丁·理查德开发的系统程序设计语言 BCPL，而美国

AT&T 公司贝尔实验室（AT&T Bell Laboratory）的研究员肯·汤普森闲来无事，手痒难耐，想玩一个他自己编的，模拟在太阳系航行的电子游戏——Space Travel。他背着老板，找了台空闲的机器——PDP-7。但这台机器没有操作系统，而游戏必须使用操作系统的一些功能，于是他着手为 PDP-7 开发操作系统。后来，这个操作系统被命名为——UNIX。而肯·汤普森，以 BCPL 语言为基础，设计出很简单且很接近硬件的 B 语言（取 BCPL 的首字母），并且他用 B 语言改写了 UNIX 操作系统。1971 年，同样酷爱 Space Travel 的另一个研究员丹尼斯·里奇为了能早点儿玩上游戏，加入了汤普森的开发项目，合作开发 UNIX。他的主要工作是改造 B 语言，使其更成熟。

1972 年，丹尼斯·里奇在 B 语言的基础上最终设计出了一种新的语言，他取了 BCPL 的第二个字母作为这种语言的名字，这就是 C 语言。

1973 年初，C 语言的主体完成。汤普森和里奇迫不及待地开始用它完全重写了 UNIX，此时，编程的乐趣使他们已经完全忘记了那个"Space Travel"，一门心思地投入到了 UNIX 和 C 语言的开发中，并在 PDP-11 机的 UNIX 第五版得以完成。随着 UNIX 的发展，C 语言自身也在不断地完善。

C 语言继续发展，在 1982 年，很多有识之士和美国国家标准协会（ANSI）为了使这个语言健康地发展下去，决定成立 C 标准委员会，建立 C 语言的标准。委员会由硬件厂商、编译器及其他软件工具生产商、软件设计师、顾问、学术界人士、C 语言作者和应用程序员共同组成。1989 年，ANSI 发布了第一个完整的 C 语言标准——ANSI X3.159—1989，简称"C89"，不过人们也习惯称其为"ANSI C"。C89 在 1990 年被国际标准组织 (International Organization for Standardization, ISO) 一字不改地采纳，ISO 官方给予的名称为：ISO/IEC 9899，所以 ISO/IEC9899: 1990 也通常被简称为"C90"。1999 年，在做了一些必要的修正和完善后，ISO 发布了新的 C 语言标准，命名为 ISO/IEC 9899:1999，简称"C99"。在 2011 年 12 月 8 日，ISO 又正式发布了新的标准，称为 ISO/IEC9899: 2011，简称为"C11"。

2. C 语言的特点

C 语言的优点如下。

（1）简洁紧凑、灵活方便

C 语言一共只有 32 个关键字（见表 1-1），9 种控制语句，程序书写形式自由，区分大小写。把高级语言的基本结构和语句与低级语言的实用性结合起来。C 语言可以像汇编语言一样对位、字节和地址进行操作，而这三者是计算机最基本的工作单元。

表 1-1　C 语言关键字

auto	break	case	char	const	continue	default	do
double	else	enum	extern	float	for	goto	if
int	long	register	return	short	signed	static	sizof
struct	switch	typedef	union	unsigned	void	volatile	while

9 种控制语句：

if 语句

switch 语句

while 语句

do-while 语句

for 语句

break 语句

continue 语句

goto 语句

return 语句

（2）运算符丰富

C 语言的运算符包含的范围很广泛，共有 34 种运算符。C 语言把括号、赋值、强制类型转换等都作为运算符处理。从而使 C 语言的运算类型极其丰富，表达式类型多样化。灵活使用各种运算符可以实现在其他高级语言中难以实现的运算。

（3）数据类型丰富

C 语言的数据类型有：整型、实型、字符型、数组类型、指针类型、结构体类型、共用体类型等，能用来实现各种复杂的数据结构的运算，并引入了指针概念，使程序效率更高。

（4）表达方式灵活实用

C 语言提供多种运算符和表达式值的方法，对问题的表达可通过多种途径获得，其程序设计更主动、灵活。它对语法限制不太严格，程序设计自由度大，如对整型量与字符型数据可以通用等。

（5）允许直接访问物理地址，对硬件进行操作

由于 C 语言允许直接访问物理地址，可以直接对硬件进行操作，因此它既具有高级语言的功能，又具有低级语言的许多功能，能够像汇编语言一样对位（bit）、字节和地址进行操作，而这三者是计算机最基本的工作单元，可用来写系统软件。

（6）生成目标代码质量高，程序执行效率高

C 语言描述问题比汇编语言迅速，工作量小、可读性好，易于调试、修改和移植，而代码质量与汇编语言相当。C 语言一般只比汇编程序生成的目标代码效率低 10%～20%。

（7）可移植性好

C 语言在不同机器上的 C 编译程序，86%的代码是公共的，所以 C 语言的编译程序便于移植。在一个环境上用 C 语言编写的程序，不改动或稍加改动，就可移植到另一个完全不同的环境中运行。

（8）表达力强

C 语言有丰富的数据类型和运算符，包含了各种数据类型，如整型、数组类型、指针类型和结构体、共用体类型等，用来实现各种数据的运算。C 语言的运算符有 34 种，范围很宽，灵活使用各种运算符可以实现难度极大的运算。

C 语言能直接访问硬件的物理地址，能进行位（bit）操作，兼有高级语言和低级语言的许多优点。因此，它既可用来编写系统软件，又可用来开发应用软件，已成为一种通用程序设计语言。另外，C 语言具有强大的图形功能，支持多种显示器和驱动器，且计算功能、逻辑判断功能强大。

C 语言的缺点如下。

（1）C 语言的缺点主要表现在数据的封装性上，这一点使得 C 语言在数据的安全性上有很大缺陷。

（2）C 语言的语法限制不太严格，对变量的类型约束不严格，影响程序的安全性，对数组下标越界不作检查等。

因此，从应用的角度，C 语言比其他高级语言较难掌握。也就是说，对用 C 语言的人，要求更

高一些。

（二）熟悉 C 语言的基本语法成分

1. C 语言的字符集

字符是组成语言的最基本的元素。ANSIC 并没有规定 C 语言的字符集，但一般使用上认为 C 语言采用的是 ASCII 字符集（美国信息交换标准码），由字母、数字、空格、标点和特殊字符组成。在字符常量、字符串常量和注释中还可以使用汉字或其他可表示的图形符号。

（1）字母

小写字母 a~z 共 26 个，大写字母 A~Z 共 26 个。

（2）数字

0~9 共 10 个。

（3）空白符

空格符、制表符、换行符等统称为空白符。空白符只在字符常量和字符串常量中起作用。在其他地方出现时，只起间隔作用，编译程序对它们忽略不计。因此，在程序中使用空白符与否，对程序的编译不产生影响，但在程序中适当的地方使用空白符将增加程序的清晰性和可读性。

（4）标点和特殊字符

! # % ^ & + – * / = ~ < > \ | . , ; : ? ' " ( ) [ ] { }……

2. C 语言的词汇

在 C 语言中使用的词汇分为六类：标识符、关键字、运算符、分隔符、常量、注释符等。

（1）标识符

在程序中使用的变量名、函数名、标号等一切名称统称为标识符。除关键字、库函数的函数名由系统定义外，其余都由用户自定义。C 语言规定，标识符只能是字母（A~Z，a~z）、数字（0~9）、下划线（_）组成的字符序列，并且其第一个字符必须是字母或下划线。

以下标识符是合法的：

a, x,　x3, BOOK_1, sum5

以下标识符是非法的：

3s	以数字开头
s*T	出现非法字符*
–3x	以减号开头
bowy–1	出现非法字符–(减号)

在使用标识符时还必须注意以下几点。

① 标准 C 语言不限制标识符的长度，但它受各种版本的 C 语言编译系统限制，同时也受到具体机器的限制。例如在某版本 C 语言中规定标识符前八位有效，当两个标识符前八位相同时，则被认为是同一个标识符。

② 在标识符中，大小写是有区别的。例如 BOOK 和 book 是两个不同的标识符。

③ 标识符虽然可由程序员随意定义，但标识符是用于标识某个量的符号。因此，命名应尽量有相应的意义，以便于阅读理解，做到"顾名思义"。

④ 标识符可分为关键字、预定义标识符和用户自定义标识符三大类。预定义标识符最常见的就是库函数名、define 等。用户自定义标识符是程序中使用自定义的变量、函数、结构体、数组、文件

微课：C 语言的基本语法成分

等的名称，它不能和关键字同名，可以和预定义标识符同名，但不建议这么用，因为这会改变预定义标识符原有的含义。

（2）关键字

关键字也叫保留字，是由 C 语言规定的具有特定意义的字符串，共有 32 个。用户定义的标识符不能与关键字相同。C 语言的关键字分为以下几类。

① 类型说明符，用于定义、说明变量、函数或其他数据结构的类型，如 int，double 等。

② 语句定义符，用于表示一个语句的功能。如 if-else 就是条件语句的语句定义符。

③ 预处理命令符，用于表示一个预处理命令，如 include。

（3）运算符

C 语言中含有相当丰富的运算符。运算符与常量、变量、函数调用一起组成表达式，表示各种运算功能。运算符由一个或多个字符组成。

（4）分隔符

在 C 语言中采用的分隔符有逗号和空格两种。逗号主要用在类型说明和函数参数表中，分隔各个变量。空格多用于语句各单词之间，作间隔符。在关键字、标识符之间必须要有一个以上的空格符作间隔，否则将会出现语法错误，例如把 int a;写成 inta;，C 编译器会把 inta 当成一个标识符处理，其结果必然出错。

（5）常量

C 语言中使用的常量可分为数字常量、字符常量、字符串常量、符号常量、转义字符等多种。在后面章节中将专门给予介绍。

（6）注释符

C 语言的注释符是以 "/*" 开头并以 "*/" 结尾的串。在 "/*" 和 "*/" 之间的即为注释，这种叫多行注释，也叫块注释，还有一种叫单行注释，以 "//" 开头，本行 "//" 后面的部分为注释。程序编译时，不对注释作任何处理。注释可出现在程序中的任何位置。注释用来向用户提示或解释程序的意义。在调试程序中对暂不使用的语句也可用注释符括起来，使翻译跳过不作处理，待调试结束后再去掉注释符。

（三）掌握 C 语言的程序结构

为了说明 C 语言源程序结构的特点，先看以下几个程序。这几个程序由简到难，表现了 C 语言源程序在组成结构上的特点。虽然有关内容还未介绍，但可从这些例子中了解到组成一个 C 源程序的基本部分和书写格式。

例 1.1：

```
#include<stdio.h>
int main()
{
    printf("Hello World!\n");
    return 0;
}
```

运行结果：

```
Hello World!
请按任意键继续. . . . . .
```

这是在 Visual C++6.0 环境下的运行结果，第一行是本例程序的运行输出结果，屏幕显示"Hello World!"字符串，第二行是开发环境自动添加的一条信息，告诉用户按任意键可以继续下一步操作，用户按任意键后返回程序窗口，可继续进行程序的下一步编辑（如修改、测试等）。

程序说明：

➤ 第一行 include 称为文件包含命令，其意义是把尖括号<>或引号""内指定的文件包含到本程序来，成为本程序的一部分。被包含的文件通常是由系统提供的，也可以是自定义的，其扩展名为.h，因此也称为头文件或首部文件。C 语言的头文件中包括了各个标准库函数的函数原型。因此，凡是在程序中调用一个库函数时，都必须包含该函数原型所在的头文件。比如本例中使用的输出函数 printf()是标准输入输出函数，其头文件为 stdio.h，在程序的开始位置用 include 命令包含了 stdio.h 文件。

➤ 第二行的 main 是主函数的函数名，表示这是一个主函数，每一个 C 源程序都必须有，且只能有一个主函数（main 函数）。main 之前的 int 是函数类型，表明该函数是 int 类型（整型）的。C99 建议把 main()函数指定为 int 型，要求函数返回一个整数值。本例第五行"return 0;"表示 main() 函数执行结束前把 0 作为返回值返回到函数调用处。

➤ 第三行和第六行是一对花括号{}，C 语言规定函数体由一对花括号{}括起来。一对花括号{} 内可以没有内容，即为空函数，但这一对花括号{}不能省略。

➤ 第四行是一条函数调用语句，printf 函数的功能是把要输出的内容送到显示器去显示。printf 函数是一个由系统定义的标准函数，用 include 命令包含了 stdio.h 文件后，该函数可在程序中直接调用。

例 1.2：

```
#include <stdio.h>              /* 头文件*/
int max (int x, int y)          //函数首部
{
    int z;                      //max函用到的变量z，也要加以定义
    z = y;
    if (x > y) z = x;
    return   z;                 //将z的值返回，通过max带回调用处
}

int main( )                     /*  主函数*/
{
    int a, b, c;                /*定义变量*/
    scanf("%d, %d", &a, &b);    /*输入变量a和b的值*/
    c = max(a, b);             /*调用max函数，将得到的值赋给c*/
    printf("max = %d\n",c);     /*输出c的值*/
    return 0;
}
```

通过以上两个例子可以看到 C 语言的程序结构的特点。

（1）一个 C 语言源程序可以由一个或多个源文件组成。

（2）每个源文件可由一个或多个函数组成。函数是 C 程序的基本单位，编写 C 程序的主要工作就是完成一个个函数的定义，然后由这些自定义函数及系统提供的库函数共同完成程序功能。

（3）在这些函数中都有一个且只能有一个 main 函数，即主函数。一个 C 程序总是从 main 函数开始执行，而 main 函数可以出现在整个程序中的任何位置。

（4）源程序中可以有预处理命令（include 命令仅为其中的一种），预处理命令通常应放在源文件或源程序的最前面。

（5）每一个定义、说明及每一个语句都必须以分号结尾。但预处理命令、函数头和花括号 "{}" 之后不能加分号。

（6）C 程序书写格式自由，一行内可写多个语句，一个语句可分写在多行上。但从书写清晰，便于阅读、理解、维护的角度出发，在书写程序时应遵循以下规则。

① 一个说明或一个语句占一行，尽量书写短语句。

② 用{}括起来的部分通常表示程序的某一层次结构。{}一般与该结构语句的第一个字母对齐，并单独占一行。

③ 低一层次的语句缩进若干格后书写，以便看起来更加清晰，增加程序的可读性。

（7）C 语言本身没有输入输出语句。输入输出操作由库函数 scanf 和 printf 等函数完成。

微课：C 程序
基本结构

（8）可以用 "/*……*/" 或者 "//" 在 C 程序中的任何地方作注释，以提高程序的可读性。

（四）熟悉 C 语言的上机步骤

考虑到全国计算机等级考试二级 C 语言考试采用的是 Visual C++6.0 环境，因此上机编程练习也建议选用 Visual C++6.0 开发环境。

C 语言的上机步骤如图 1-1 所示。

结合 Visual C++6.0 开发环境，操作步骤如下。

1. 启动 Visual C++ 6.0 开发环境

（1）单击 "开始" 菜单，选择 "程序" 项，如图 1-2 所示。

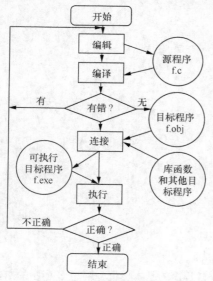

图 1-1　C 语言上机步骤

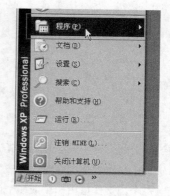

图 1-2　选择 "程序" 项

（2）找到 "Microsoft Visual Studio 6.0" 项并单击，如图 1-3 所示。

（3）出现 "Tip of the Day" 窗口，单击 "Close"。

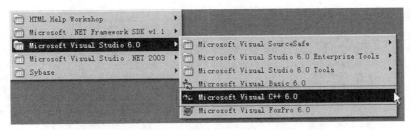

图 1-3 单击 "Microsoft Visual C++ 6.0"

2. 新建一个空的 Win32 Console Application 项目

（1）选择 "File" 菜单下的 "New" 项，并单击，如图 1-4 所示。

（2）在出现的 "New" 窗口中，填写必要的内容，如图 1-5 所示。

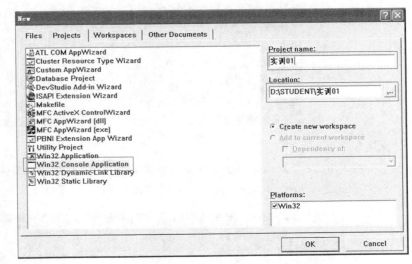

图 1-4　"New" 选项　　　　　　　　　　　图 1-5　"New" 窗口

（3）单击 "OK" 按钮后，选择空项目即可，如图 1-6 所示。

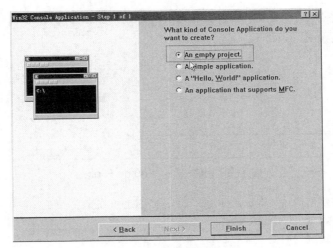

图 1-6　选择空选项

（4）单击"Finish"按钮后，单击"OK"按钮，如图 1-7 所示。

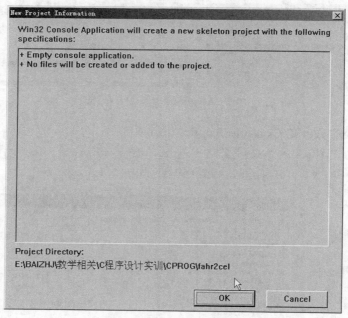

图 1-7　单击"OK"按钮

3. 在 Win32 Console Application 项目中新建一个 C/C++源文件

（1）再次打开 New 对话框新建一个"C++ Source File"，如图 1-8 所示。

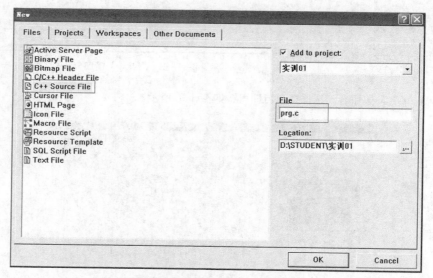

图 1-8　新建"C++ Source File"

（2）新建的源文件出现在"Source Files"下，如图 1-9 所示。

4. 编写一个 C 程序

（1）开发编写源代码，如图 1-10 所示。

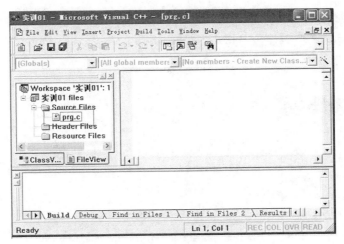

图 1-9　源文件

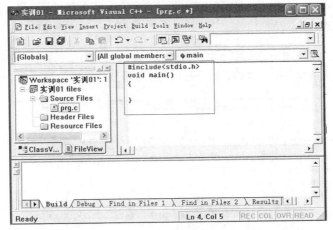

图 1-10　编写源代码

（2）编写完成，如图 1-11 所示。

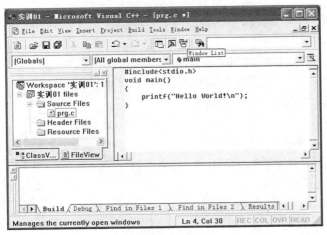

图 1-11　编写完成

微课：C 语言的
上机步骤

5. 生成 EXE 文件并运行

依次选择 "Compile…" 编译，"Build…" 生成可执行文件，按 "Execute…" 或按 Ctrl+F5 组合键运行程序，如图 1-12 所示。

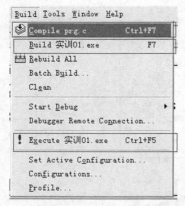

图 1-12　生成 EXE 文件并运行

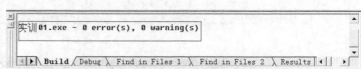

图 1-13　信息窗口

在进行编译时，编译系统检查源程序中有无语法错误，然后在主窗口下部的调试信息窗口输出编译的信息，如图 1-13 所示，如果有错，就会指出错误的位置和性质，如图 1-14 所示。

```
-----------------Configuration: sss - Win32 Debug-----------------
Compiling...
s.cpp
c:\program files\microsoft visual studio\myprojects\sss\s.cpp(6) : error C2143: syntax error : missing ';' before '}'
Error executing cl.exe.

s.obj - 1 error(s), 0 warning(s)
```

图 1-14　程序出错信息窗口

课后练习

1. 以下叙述正确的是（　　）。
   A. C 语言比其他语言高级
   B. C 语言可以不用编译就能被计算机识别执行
   C. C 语言以接近英语国家的自然语言和数学语言作为语言的表达形式
   D. C 语言出现的最晚，具有其他语言的一切优点
2. 以下叙述中正确的是（　　）。
   A. 构成 C 程序的基本单位是函数
   B. 可以在一个函数中定义另一个函数
   C. main()函数必须放在其他函数之前
   D. 所有被调用的函数一定要在调用之前进行定义
3. 在一个 C 语言程序中（　　）。
   A. main 函数必须出现在所有函数之前

查看答案与解析 1

B. main 函数可以在任何地方出现

C. main 函数必须出现在所有函数之后

D. main 函数必须出现在固定位置

4. 以下叙述中正确的是（　　）。

    A. C 程序中注释部分可以出现在程序中任意合适的地方

    B. 花括号"{"和"}"只能作为函数体的定界符

    C. 构成 C 程序的基本单位是函数，所有函数名都可以由用户命名

    D. 分号是 C 语句之间的分隔符，不是语句的一部分

5. 用 C 语言编写的代码程序（　　）。

    A. 可立即执行   B. 是一个源程序

    C. 经过编译即可执行   D. 经过编译解释才能执行

6. 下列关于 C 语言用户标识符的叙述中正确的是（　　）。

    A. 用户标识符中可以出现下划线和中划线（减号）

    B. 用户标识符中不可以出现中划线，但可以出现下划线

    C. 用户标识符中可以出现下划线，但不可以放在用户标识符的开头

    D. 用户标识符中可以出现下划线和数字，它们都可以放在用户标识符的开头

7. 下列选项中，不能用作标识符的是（　　）。

    A. _1234_   B. _1_2   C. int_2_   D. 2_int_

8. 以下 4 组用户定义标识符中，全部合法的一组是（　　）。

    A. _main   B. If   C. txt   D. int

        enclude   -max   REAL   k_2

        sin   turbo   3COM   _001

9. 以下不能定义为用户标识符的是（　　）。

    A. scanf   B. Void   C. _3com_   D. int

10. 以下叙述正确的是（　　）。

    A. 可以把 define 和 if 定义为用户标识符

    B. 可以把 define 定义为用户标识符，但不能把 if 定义为用户标识符

    C. 可以把 if 定义为用户标识符，但不能把 define 定义为用户标识符

    D. define 和 if 都不能定义为用户标识符

PART02

项目二

描述程序的算法

一个完整的程序当中应该包括对数据的描述（称之为数据结构）和对数据的操作两个方面。数据结构可以理解成程序的材料，就像建筑的材料一样，而对数据的操作就是这些材料如何加工处理，得到期望的结果。而在编写代码之前一般都需要对这两方面进行设计，本项目就是要学习如何描述数据的操作步骤——算法。

➡ 课堂学习目标

■ 了解程序算法
■ 描述程序算法

任务一　了解程序算法

任务要求

　　小明认真了解了程序设计语言的发展历程，并着重了解了 C 语言的历史，也见识到了 C 程序的基本结构，对 C 语言有了基本的了解。但这才刚刚开始，程序设计过程中是如何思考、表述的，这些问题在小明的脑海里萦绕，使得小明对接下来的学习充满了动力。

　　本任务要求了解算法的概念和特性，对算法有一个初步了解。

任务实现

（一）了解算法的概念

　　算法就是解决问题的步骤，程序设计中有个著名的 N.Wirth 定律：

$$程序设计 = 数据结构 + 算法$$

　　在这里，数据结构是指对数据的描述，是程序的材料，在程序中要指定数据的类型和数据的组织形式。而算法是描述这些数据是如何从初始状态经过一系列有限而清晰定义的步骤，最终产生一个最终的状态。数据就好像是建筑材料，然后按照步骤组装成一栋栋建筑。

　　同样的建材可以盖出住宅楼，也可以建出桥；同样的食材按照不同的烹饪方法，可以做出不同菜系的菜。因此，作为程序设计人员，需要认真设计数据和算法。

　　实际上在日常生活中，算法无处不在，只不过很多"算法"已经成为我们的生活本能，从而被我们忽略了。比如日常的起床、穿衣、洗漱、吃饭、上课、运动、就寝等，都是按照一定规律和顺序进行的，只是因为重复太多而不被注意。而对不熟悉的事情，我们事先的计划也可以视作算法，比如假期要去陌生地方旅行，你所做的出行攻略也是一种算法。

　　在这里重点关注的是计算机算法，特指计算机能够执行的算法。比如按照目前普通计算机的能力，它能比较大小、求和，这些是计算机所能做的，而做饭之类的操作普通计算机还无法执行。所以我们的算法设计得符合计算机的能力。

　　计算机算法分为数值运算算法和非数值运算算法两大类。通常的求和、比大小、计数、解方程等都是数值运算算法，而非数值运算算法应用更为广泛，事实上，我们日常对计算机的操作都可以归到非数值运算的范围。而在本学期的编程实例当中，数值运算占据大多数，这是因为数值运算容易理解，易于实现、检测，对我们学习程序设计语言是非常合适的。

　　算法解决了"怎么做"的问题后，程序编辑过程中的一行一行的源代码实际上就是算法的体现。

（二）了解算法的特点

　　一个计算机算法应该具备如下特点。

　　➤ 有穷性：一个算法应包含有限的操作步骤，而不能是无限的。实际上，有穷性指的是"算法得在合理的时间范围内结束"，比如设计一个破译密码的算法，按该算法计算机需要运行 10 年，虽然是有穷的，但等破译完密码，战争早就结束了，或者某个机密信息早就失去意义了。因此，合理的范围应该根据实际需求和常理加以判断。

➤ 确定性：算法中每一个步骤应当是确定的，不能是含糊的、模棱两可的，这是由计算机的特性决定的。人的自然语言允许一定的模糊性，但计算机接到的指令必须是准确唯一的。

➤ 有零个或多个输入。所谓输入是指执行算法需要从外界获得的必要信息。就好比从 ATM 机取钱，得插入银行卡并输入密码，这里的银行卡和密码就是输入。

➤ 有一个或多个输出。问题解决之后，需要让外界了解的"解"就是输出。从 ATM 机里吐出来的钱就是输出。

➤ 有效性：算法中每一个步骤能有效地执行，并得到确定的结果。

对程序设计人员来说，必须会设计算法，并根据算法写出程序。而对程序的使用者来说，这些步骤过程是不清楚的，也无需关注。在他们眼里，算法步骤被封印在 ATM 机的那个铁柜子里面，怎么数钱的，怎么出钱的统统不关心，只需要按要求提供正确的输入，就会得到想要的输出。

任务二　描述程序算法

任务要求

小明已经了解了算法的概念，那么计算机算法怎么描述呢？这也是接下来的任务将要完成的事情。本任务要求了解结构化程序设计语言的三种基本结构，并能采用合适的方式描述算法过程。

相关知识

（一）算法的三种基本结构

项目一中已经提到早期的程序设计语言缺乏科学规范的系统规划与测试、评估标准，程序中滥用 goto，造成程序逻辑混乱，无法测试，直到 1969 年，科学家们提出了结构化程序设计方法，并在 1970 年推出了 PASCAL 语言，标志着结构化程序设计的开始。

结构化的程序设计规定了几种基本结构，并以此作为优良算法的基本单元，然后用这些基本结构去组合复杂的算法结构，从而使算法的质量得到保证和提高。已经证明的是：任何复杂问题的算法都可以通过三种基本结构的组合得以实现。

1）顺序结构：该结构规定两个步骤按照出现的先后次序，依次执行，它是最简单的一种基本结构。

2）选择结构：也叫分支结构，该结构按照一定的判断条件，选取后续的两个步骤之一进行执行，执行后结束选择结构。两个注意点：一是两个后续步骤中的任何一个都可以为空，二是分支结构可以进一步分解成多分支的结构。

3）循环结构：该结构在循环条件的控制下重复执行某些步骤。循环结构分为两类：当型循环和直到型循环。当型（while 型）循环中，当给定的循环条件成立时，执行特定步骤，执行之后，再判断条件是否成立，如果成立，重复执行特定步骤，如果不成立，循环结束。直到型（until 型）循环中，如果给定的条件不成立，则重复执行特定步骤，直到给定的循环条件成立才结束循环结构。

以上三种基本结构有一些共同点：

1）只有一个起始点和一个结束点；

2）结构内每一个步骤都有可能被执行到，也就是说，结构内每一个步骤都应该有一条从起始点到结束点的路径通过它；

3）结构内不能有"死循环"。

由这三种基本结构可以解决任何复杂问题，这就是结构化的算法设计，它不存在不规律的转向，只允许在基本结构内部存在分支或者跳转。

（二）一般流程图

流程图用图框和箭头来表示各种操作，使得算法描述直观形象，易于理解。美国国家标准化协会 ANSI 规定了一些流程图符号，已为程序员们所普遍采用。

图 2-1 中的菱形框是判断框，框内书写判断条件，根据该条件是否成立决定后续的操作步骤，它有一个入口、两个出口。小圆圈是连接点，它的主要作用是将画在不同位置的流程图连接起来。圈内书写序号数字，相同序号的连结点表示实际上是同一个点，只是由于画不下了等原因而将一个流程图画在了不同位置。

用流程图描述的三种基本结构如图 2-2～图 2-4 所示。

（1）顺序结构。

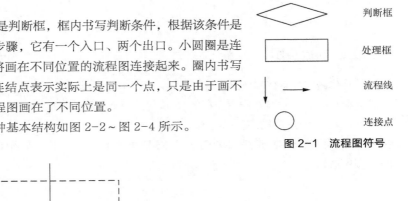

图 2-1　流程图符号

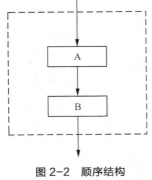

图 2-2　顺序结构

（2）选择结构：右侧的选择结构表示 B 操作为空，如图 2-3 所示。

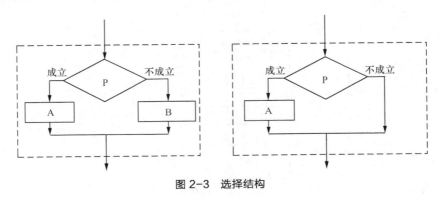

图 2-3　选择结构

（3）循环结构：左侧是当型循环，右侧是直到型循环，如图 2-4 所示。

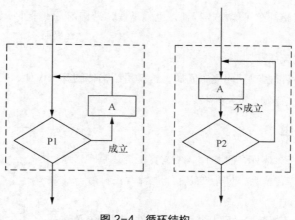

图 2-4　循环结构

（三）N-S 流程图

既然结构化算法都是按顺序操作的，那么流程图中的流程线箭头就显得有点多余，因此有学者提出了一种新型流程图：N-S 流程图。在 N-S 流程图中全部算法写在一个大的矩形框内，框内是由三种基本结构的基本矩形框叠加而成的。

用 N-S 流程图描述的三种基本结构的基本矩形框如图 2-5 ~ 图 2-7 所示。

（1）顺序结构。

图 2-5　顺序结构

（2）选择结构。

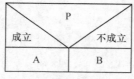

图 2-6　选择结构

（3）循环结构。

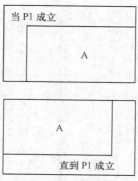

图 2-7　循环结构

（四）结构化程序设计的方法

前文已经介绍了结构化程序的三种基本结构，并用两种流程图加以描述。一个结构化的程序就是用计算机语言把结构化的算法加以实现。这种程序利于编写、阅读、检测，减少程序出错的可能，提高程序稳定性，从而完成高质量的程序设计。

结构化的程序设计是用来解决人类思维的局限性和问题的复杂性之间矛盾的，总结起来就四句话：

> 自顶向下；
> 逐步细化；
> 模块化设计；
> 结构化编码。

自顶向下、逐步细化的设计方法：是将抽象问题逐步具体化的过程，首先考虑整体，后考虑细节；先考虑全部目标，再考虑局部目标；先从最上层目标开始设计，逐步使问题具体化。

模块化设计：就是要将总目标分解成若干子目标，再进一步分解成具体的小目标。C 语言中的模块主要以函数的形式来体现。函数设计一般要求短小精悍，基本以不超过 50 行为宜，这种规模的模块功能单一，易于理解，便于组织。同时模块之间要充分考虑相互之间的独立性。

结构化编码：用计算机程序设计语言将设计好的算法进行编码实现，结构化的语言都有与三种基本结构相对应的实现语句，到这个步骤就没什么困难了。

任务实现

（一）描述 5! 的算法

1. 自然语言描述

首先用最原始的方式进行描述：

Step1：先求 1 乘以 2，得 2；

Step2：将 Step1 所得的结果 2 乘以 3，得 6；

Step3：将 6 再乘以 4，得 24；

Step4：将 24 乘以 5，得 120，即为最终结果。

这种算法描述虽然正确，但无法推广使用。如果是 100! 或者 1000! 怎么写呢？很显然这种方式不可取。

加以改进：

设置两个变量，第一个变量 p 表示乘积运算结果，初始值设置为 1，另一个变量 i 表示每次参与运算的乘数，初始值也设置为 1，用循环算法来求结果。

Step1：1 => p；(表示将 1 赋值给变量 p)

Step2：1 => i；

Step3：p * i => p；

Step4：i + 1 => i；

Step5：如果 i 不大于 5，就回到 Step3，否则算法结束。算法结束后的 p 值即为所求结果。

显然这种表述方式简洁得多，也更具灵活性。比如现在的问题变成 100!，只需将 Step5 中的 i

值上限改成 100 即可。

2. 一般流程图描述（见图 2-8）

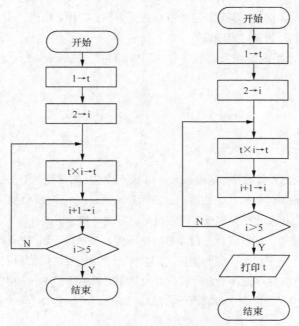

图 2-8　一般流程图

3. N-S 流程图描述（见图 2-9）

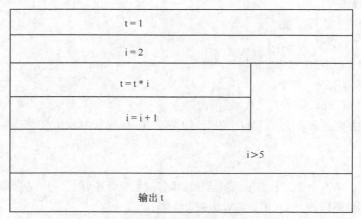

图 2-9　N-S 流程图

（二）描述闰年判断算法

1. 自然语言描述

判定 2000 ～ 2500 年中的每一年是否闰年，并将结果输出。

首先分析闰年的条件：

1）能被 4 整除，但不能被 100 整除的年份；

2）能被 100 整除，又能被 400 整除的年份。

首先引入变量 y 表示年份值。

算法可表示如下：

Step1：2000→y；

Step2：若 y 不能被 4 整除，则输出 y "不是闰年"，然后转到 S6；

Step3：若 y 能被 4 整除，不能被 100 整除，则输出 y "是闰年"，然后转到 S6；

Step4：若 y 能被 100 整除，又能被 400 整除，输出 y "是闰年"，然后转到 S6；

Step5：输出 y "不是闰年"；

Step6：y+1→y；

Step7：当 y≤2500 时，返回 S2 继续执行，否则，结束。

在这个问题的实现中，逐渐缩小了判断范围，直到最终 Step5 可以确定是非闰年的结果。同时在其他问题中，要充分考虑判断条件的先后次序问题。

2．一般流程图描述（见图 2-10）

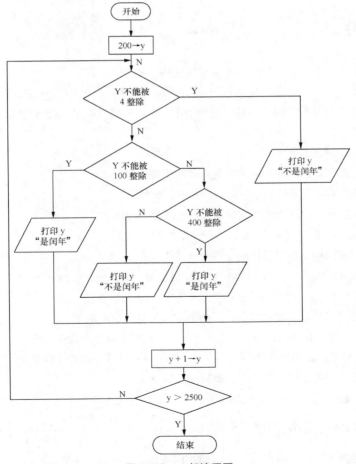

图 2-10　一般流程图

3. N-S 流程图描述

通过以上两个例子，我们可以看到 N-S 流程图在算法描述方面的优势，一是直观明了，易于理解；二是更加紧凑易画，没有流程线，描述算法时只需从上向下进行即可，如图 2-11 所示。

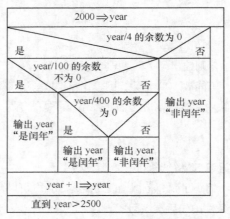

图 2-11　N-S 流程图

← 课后练习

1. 算法具有五个特性，以下选项中不属于算法特性的是（　　）。

A. 有穷性　　　　　　　B. 简洁性　　　　　　C. 可行性　　　　　　　　D. 确定性

2. 算法中，对需要执行的每一步操作必须给出清楚、严格的规定，这属于算法的（　　）。

A. 正当性　　　　　　　B. 可行性　　　　　　C. 确定性　　　　　　　　D. 有穷性

3. 以下叙述中正确的是（　　）。

A. 用 C 程序实现的算法必须要有输入和输出操作

B. 用 C 程序实现的算法可以没有输出但必须要输入

C. 用 C 程序实现的算法可以没有输入但必须要有输出

D. 用 C 程序实现的算法可以既没有输入也没有输出

查看答案与解析 2

4. C 语言中用于结构化程序设计的三种基本结构是（　　）。

A. 顺序结构、选择结构、循环结构　　　　B. if、switch、break

C. for、while、do-while　　　　　　　　D. if、for、continue

5. 结构化程序由三种基本结构组成，三种基本结构组成的算法（　　）。

A. 可以完成任何复杂的任务　　　　　　　B. 只能完成部分复杂的任务

C. 只能完成符合结构化的任务　　　　　　D. 只能完成一些简单的任务

6. 在使用程序流程图来表示算法时，菱形用来表示（　　）。

A. 输入与输出　　　　B. 子程序　　　　　　C. 判断分支　　　　　　　D. 循环边界

7. 分别用自然语言、一般流程图、N-S 流程图来描述 $1-\dfrac{1}{2}+\dfrac{1}{3}-\dfrac{1}{4}+\cdots+\dfrac{1}{99}-\dfrac{1}{100}$ 的算法过程。

8. 分别用自然语言、一般流程图、N-S 流程图来描述素数判断的算法过程。

项目三

认识基本数据和运算

C 语言提供了丰富的数据类型和运算符，其中的整数型、实数型和字符型数据称之为基本数据类型，在基本数据类型的基础上提供了复杂的构造类型和灵活多变的指针类型，并结合多样化的表达式类型，为 C 语言提供了丰富多彩的运算，本项目就是要认识 C 语言的基本数据类型并能完成常规运算。

➡ 课堂学习目标

■ 认识 C 语言基本数据
■ 计算 C 语言表达式

任务一　认识 C 语言基本数据

任务要求

小明学习了计算机算法的描述之后，就开始想着如何用计算机语言实现算法。在自己能编写完整的 C 程序之前，小明还需要知道在 C 语言程序中数据是如何表达的。

本任务要求了解 C 语言有哪些数据类型，又提供了哪些基本数据类型，掌握这些数据类型的类型名称、存储大小、常量书写、变量定义等问题。

任务实现

（一）认识 C 语言的数据类型

数据类型是指计算机程序中所使用数据的性质，比如数据的表示形式、占据多少存储空间、构造特点等，是一个值的集合以及定义在这个值集上的一组操作，数据类型决定了如何将代表这些值的二进制位存储到计算机的内存中。在 C 语言中，数据类型可分为：基本数据类型、构造数据类型、指针类型、空类型四大类，如图 3-1 所示。

① 基本数据类型：基本数据类型最主要的特点是，其值不可以再分解为其他类型。也就是说，基本数据类型是自我说明的。

② 构造数据类型：构造数据类型是根据已定义的一个或多个数据类型，用构造的方法来定义的。也就是说，一个构造类型的值可以分解成若干个"成员"或"元素"。每个"成员"都是一个基本数据类型或又是一个构造类型。在 C 语言中，构造类型有以下几种：

➢ 数组类型

➢ 结构体类型

➢ 共用体（联合）类型

③ 指针类型：指针是一种特殊的，同时又是具有重要作用的数据类型。其值用来表示某个事务（比如变量、数组或者函数）在内存储器中的地址。虽然指针变量的取值类似于整型量，但这是两个类型完全不同的量，因此不能混为一谈。

④ 空类型：在调用函数值时，通常向调用者返回一个函数值。这个返回的函数值是具有一定的数据类型的，应在函数定义及函数说明中给以说明。但是，也有一类函数，调用后并不需要向调用者返回函数值，这种函数可以定义为"空类型"，其类型说明符为 void，在后面函数中还要详细介绍。

在本任务中，先介绍基本数据类型中的整型、实型和字符型。其余类型在以后各项目中陆续介绍。

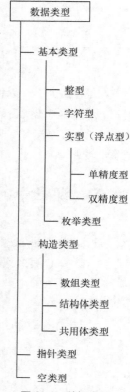

微课：认识 C
语言的数据类型

图 3-1　数据类型

（二）认识 C 语言的基本数据类型

C 语言的基本数据类型包括整型数据、实型数据和字符型数据（枚举类型在后续项目中介绍）。

1. 整数类型

C 语言提供了多种整数类型，用以适应不同情况的需要。常用的整数类型有：短整型、基本整型、长整型、无符号短整型、无符号整型和无符号长整型等六种基本类型。不同类型的差别就在于采用不同位数的二进制编码方式，所以就要占用不同的存储空间，就会有不同的数值表示范围。

在数学中，整数是一个无限的集合，即整数的表示范围为 $-\infty \sim +\infty$。C 语言标准本身也并不限制各种类型数据所占的存储字节数。但在计算机中，所有数值的取值范围受限于机器所能表示的范围，不同的计算机系统对数据的存储有不同的规定。

表 3-1 列出了各类整型量所分配的内存字节数及数的表示范围。类型说明符中的[]内的单词可写可不写，如单词 signed 表示"有符号的"，不写 signed 也隐含表示该类型是有符号的。

表 3-1　各类整型量所分配的内存字节数及范围

数据类型	类型说明符	数的范围		字节数	VC++6.0
基本整型	[signed]int	$-32768 \sim 32767$	即 $-2^{15} \sim (2^{15}-1)$	2	4
无符号整型	unsigned [int]	$0 \sim 65535$	即 $0 \sim (2^{16}-1)$	2	4
短整型	short [int]	$-32768 \sim 32767$	即 $-2^{15} \sim (2^{15}-1)$	2	2
无符号短整型	unsigned short [int]	$0 \sim 65535$	即 $0 \sim (2^{16}-1)$	2	2
长整型	long [int]	$-2147483648 \sim 2147483647$ 即 $-2^{31} \sim (2^{31}-1)$		4	4
无符号长整型	unsigned long [int]	$0 \sim 4294967295$	即 $0 \sim (2^{32}-1)$	4	4

关于整型数据所占字节数，有以下三点说明。

① 字节数：长整型≥基本整型≥短整型。

② 表中的存储字节数和最小数值范围表示相应类型的整数不能低于此值，但可高于此值，比如 int 型在 ANSI C 规定的最小值为 2 字节，但在 VC++6.0 环境下将分配 4 个字节的存储空间。为了方便说明，在本任务中描述整数存储问题时，一律以 2 字节为准。

③ 各种无符号类型量所占的内存空间字节数与相应的有符号类型量相同。但由于省去了符号位，故不能表示负整数。

计算机内部总是采用二进制补码形式表示一个数值型数据，正整数的补码和原码相同；负数的补码：将该整数的绝对值的二进制形式按位取反再加 1，如：

有符号数 10 的原码及补码（2 字节 16 位）：

0	0	0	0	0	0	0	0	0	0	0	0	1	0	1	0

其中，最左侧的最高位 0 是符号位，表示该数是正的；如果该位数是 1，则表示该数是负的。其余 15 位表示大小。

有符号数-10 的补码计算如下：

① 将其值的绝对值 10 的原码按位取反：

1	1	1	1	1	1	1	1	1	1	1	1	0	1	0	1

② 再加 1 即得到-10 的补码：

1	1	1	1	1	1	1	1	1	1	1	1	0	1	1	0

因此，2 字节 int 型能表示的数的最大值是 32767，二进制如下：

0	1	1	1	1	1	1	1	1	1	1	1	1	1	1	1

最小值为-32768，二进制如下：

1	0	0	0	0	0	0	0	0	0	0	0	0	0	0	0

所以，对于有符号整数，其负数的表示范围比正数大，请读者注意这一点。

而对于无符号数，最高位不再表示符号位，而是和其他位一样表示大小，比如：

1	1	1	1	1	1	1	1	1	1	1	1	1	1	1	1

如果这两个字节是无符号整数 unsigned int 型数据的存储空间，则全部 16 位表示大小，数值为 65535；而如果是 int 型数据的存储空间，则数值为-1。由此可见，一个带符号整数和无符号整数在计算机中的存储形式是不同的。

2．实数类型

C 语言提供了三种用于表示实数的类型：单精度型（float 型）、双精度型（double 型）和长双精度型（long double 型）。和整型数据一样，每一种实型数据都有自己的存储大小和表值范围，以上三种实数类型之间的区别也主要体现在所占字节数的不同，如表 3-2 所示。

表 3-2 实数类型

数据类型	类型说明符	有效数字	数的范围	字节数
单精度实型	float	6~7	$10^{-37} \sim 10^{38}$	4
双精度实型	double	15~16	$10^{-307} \sim 10^{308}$	8
长双精度实型	long double	18~19	$10^{-4931} \sim 10^{4932}$	16

表中的有效数字是指数据在计算机中存储和输出时能够精确表示的数字位数。

在计算机中，实数是以科学计数法形式存储的。由计算机基础知道，科学计数法是按指数形式表示的，即把一个实型数据分成小数和指数两部分。例如十进制实型数据 3.14159 转换为 $0.314159*10^{+1}$，在计算机中的存放形式如图 3-2 所示。实际上计算机中存放的是二进制数，这里仅用十进制数说明其存放形式。

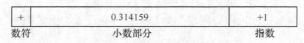

+	0.314159	+1
数符	小数部分	指数

图 3-2 实数存放形式

其中，小数部分一般都采用规格化的数据形式，即小数点放在第一个有效数字前面，使小数部分存放小于 1 的纯小数。例如 $0.314159*10^{+1}$ 还可表示为 $3.14159*10^{0}$、$0.0314159*10^{+2}$、$31.4159*10^{-1}$ 等形式，但这些都不是规格化的数。

表示小数部分的位数愈多，数的有效位就愈多，数的精确度就愈高。表示指数部分的位数愈多，数的表示范围就愈大。究竟用多少位来表示小数部分，多少位表示指数部分，ANSI C 对此并无具体规定，由各 C 编译系统自定。对于单精度实数，一般的 C 编译系统用 4 个字节中的前 24 位表示小数部分，其中最高位为整个数的符号位，用后 8 位表示指数部分，其中最高位为指数的符号位。这样，单精度实数的精度就取决于小数部分的 23 位二进制数位所能表达的数值位数，将其转换为十进制，最多可表示 7 位十进制数字，所以单精度实数的有效位是 7 位。

由于实型数据的存储形式，及机器存储位数的限制，浮点数都是近似值，而且多个浮点数运算后误差累积很快，所以引进了双精度型和长双精度型，用于扩大存储位数，目的是增加实数的长度，减少累积误差，改善计算精度。

3. 字符类型

C 语言提供了一种存放字符的数据类型：char，该类型的数据存放单个字符，占据 1 字节的存储单元，字符型数据的值是以 ASCII 码值的形式存放在对应的内存单元之中的。

所以字符型数据可以把它们看成是整型量。C 语言允许对整型量赋以字符值，也允许对字符量赋以整型值。在操作时，允许把字符量按整型量进行操作，也允许把整型量按字符量进行操作。需要注意的是，整型量占 2 个字节量，字符量为 1 字节量，当整型量按字符型量处理时，只有低八位的字节参与处理。

（三）书写 C 语言的常量

常量是指程序在运行时其值不能改变的量，它是 C 语言中使用的基本数据对象之一。C 语言提供的常量有：整型常量、实型常量、字符常量、字符串常量、符号常量等形式，这些类型决定了各种常量所占存储空间的大小和数的表示范围。在 C 程序中，常量是直接以自身的存在形式体现其值和类型的，例如：123 是一个整型常量，默认是 int 型的，数的表示范围是 -32768 ~ 32767；123.0 是实型常量，默认是 double 型的。需要注意的是，常量并不占内存，在程序运行时它作为操作对象直接出现在运算器的各种寄存器中。

1. 书写整型常量

在 C 语言中，使用的整型常量有八进制、十六进制和十进制三种书写形式。

1）十进制整型常量

十进制整型常量在书写时没有前缀。其数码为 0 ~ 9，可出现正/负号。

以下各数都是合法的整型常量：123，-123，8，0，-5，30000。

以下各数不是合法的十进制整型常数：023（不能有前导 0）

123D（含有非十进制数码）

40000（按 int 型占 2 字节计算，该数超出表值范围）

2）八进制整型常量

八进制整型常量的形式是以数字 0 开头的八进制数字串。数字串中只能含有 0 ~ 7 这八个数字符号以及正/负号，如：056　表示八进制数 56，等于十进制数 46；

-017　　　表示八进制数 -17，等于十进制数 -15；

078　　　是不合法的书写形式，因为出现了非八进制符号 8。

3）十六进制整型常量

十六进制整型常量的形式是以数字 0x 或 0X 开头的十六进制字符串。字符串中只能含有 0 ~ 9 这十个数字和 a、b、c、d、e、f（或大写的 A、B、C、D、E、F）这六个字母以及正、负号。这一规定与计算机领域中通行的表示十六进制字符方式相同，如：0x123 表示十六进制数 123，等于十进制数 291。

0x3A 表示十六进制数 3A，等于十进制数 58。

-0x2e 表示十六进制数 -2e，等于十进制数 -46。

4）关于整型常量的后缀

一个整型常量默认是 int 型的，按 2 字节计算，数的表示范围是 -32768 ~ 32767。如果使用的常数超过了上述范围，就必须用长整型数来表示。长整型数是用后缀 "L" 或 "l" 来表示的。

例如：

十进制长整型常量：158L（十进制为 158）、358000L（十进制为 358000）；

八进制长整型常量：012L（十进制为 10）、077L（十进制为 63）、0200000L（十进制为 65536）；

十六进制长整型常量：0X15L（十进制为 21）、0XA5L（十进制为 165）、0X10000L（十进制为 65536）。

长整型常量 158L 和基本整型常量 158 在数值上并无区别。但对于 158L，因为是长整型常量，C 编译系统将为它分配 4 个字节存储空间。而对于 158，因为是基本整型，只分配 2 个字节的存储空间。因此，在运算和输出格式上要予以注意，避免出错。

对无符号数也用后缀表示，整型常数的无符号数的后缀为 "U" 或 "u"，并且 "L" 和 "U" 两个后缀字符可以联合使用，并且没有先后次序要求。

例如：358u、0x38Au、0235Lu 均为无符号数。

前缀、后缀可同时使用以表示各种类型的数，如 0XA5Lu 表示十六进制无符号长整数 A5，其十进制为 165。

2. 书写实型常量

实型常量亦被称为实型数或浮点数。在 C 语言中，实型常量一般都作为双精度 double 型来处理，并且只用十进制数表示。实型常量有两种书写格式：小数形式和指数形式。

① 小数形式：它由正/负符号、整数部分、小数点及小数部分组成。如果整数部分为 0，或者小数部分为 0，则 0 可以省略不写。例如，以下都是合法的小数形式实型常量：

12.34, 0.123, .123, 123., −12.0, −0.0345, 0.0, 0.

注意，其中任何位置上的小数点都是不可缺少的。例如 123.不能写成 123，因为 123 是整型常量，而 123.是实型常量。

② 科学计数法：由十进制小数形式加上指数部分组成，其形式如下：

十进制小数 e 指数或十进制小数 E 指数

格式中的 e 或 E 前面的数字称为尾数，e 或 E 表示底数 10，而 e 或 E 后面的指数必须是整数，表示 10 的幂次，可以带正/负符号。例如 25.34e+3 表示 $25.34 \times 10^3 = 25340.0$。以下都是合法的指数形式实型常量：

2.5e3, −12.5e−5, 0.123E−5, −267.89E−6, 0.61256e3

注意，指数必须是不超过数据表示范围的正负整数，并且在 e 或 E 前必须有数字。例如：

e3, 3.0e, E−9, 10e3.5, .e8, e

都是不合法的指数形式。

另外，对于上述两种书写形式，系统均默认为是双精度实型常量，可表示 15～16 位有效数字，如果要表示单精度实型常量和长双精度实型常量，只要在上述书写形式后分别加上后缀 f（F）或 l（L）即可。例如：

2.3f、−0.123F、2e−3f、−1.5e4F 为合法的单精度实型常量，注意只有 7 位有效数字。

1256.34L、−0.123L、2e3L 为合法的长双精度实型常量，有 18～19 位有效数字。

对于超过有效数字位的数位，系统存储时自动舍去。

3. 书写字符型常量

字符常量是用单引号括起来的一个字符。在 C 语言中，字符常量有以下特点。

➤ 字符常量只能用单引号括起来，不能用双引号或其他括号（双引号括起来的是字符串）。

➤ 字符常量只能是单个字符，不能是字符串。

➤ 字符存放时是以整数形式（字符的 ASCII 码值）进行存放的，故字符量的值就是其 ASCII 码值，使用时可以与整型数据通用。

➤ 字符可以是字符集中的任意字符。但数字字符被定义为字符型之后就不再表值本身，如'5'和 5 是不同的，'5'是字符常量，5 是数值 5。

比如，整数 5 的存储形式（按 int 型占 2 字节）：

0	0	0	0	0	0	0	0	0	0	0	0	0	1	0	1

字符'5'的存储形式（其值为 ASCII 码值 53，按 char 型占 1 字节）：

0	0	1	1	0	1	0	1

整数 5+1 得到整数 6，字符'5'+1 得到字符'6'（其值为 54）。

1）一般的字符常量

这里的一般字符指的是大写英文字母 A～Z，小写英文字符 a～z，数字符号 0～9，以及其他一些在键盘上可以直接敲击并显示的字符，这些字符常量直接用一对单引号括起来即可表示。

例如：

'a'、'B'、'='、'+'、'6'、' '（空格字符）

都是合法字符常量。

2）转义字符

转义字符是一种特殊的字符常量。转义字符以反斜线"\"开头，后跟一个或几个字符。转义字符具有特定的含义，不同于字符原有的意义，故称"转义"字符。例如，在前面例题 printf()函数中出现的"\n"就是一个转义字符，其意义是"回车换行"。转义字符主要用来表示那些用一般字符不便于表示的控制字符。常用的转义字符及其含义如表 3-3 所示。

表 3-3　常用的转义字符及其含义

转义字符	转义字符的意义	ASCII 码值
\n	回车换行	10
\t	横向跳到下一制表位置	9
\b	退格	8
\r	回车	13
\f	走纸换页	12
\\	反斜线符"\"	92
\'	单引号符	39
\"	双引号符	34
\a	命令	7
\ddd	1～3 位八进制数所代表的字符	
\xhh	1～2 位十六进制数所代表的字符	

广义地讲，C 语言字符集中的任何一个字符均可用转义字符来表示。表中的\ddd 和\xhh 正是为此而提出的。ddd 和 xhh 分别为八进制和十六进制的 ASCII 码值。如'A'字符，其 ASCII 码值为 65，转换为八进制为 101，转换为十六进制为 41，故'\101'、'\x41'都等同于'A'。

4．书写字符串常量

字符串常量是由一对双引号括起的字符序列，在双引号内可以出现任何字符，包括汉字。例如："CHINA"、"C program"、"$12.5"等都是合法的字符串常量。

字符串常量和字符常量是不同的量。它们之间主要有以下区别。

① 字符常量由单引号括起来，字符串常量由双引号括起来。

② 字符常量只能是单个字符，字符串常量则可以含一个或多个字符。

③ 可以把一个字符常量赋予一个字符变量，但不能把一个字符串常量赋予一个字符变量。在 C 语言中没有相应的字符串变量。但是可以用一个字符数组来存放一个字符串常量，这部分内容后续项目予以介绍。

④ 字符常量占一个字节的存储空间。字符串常量占的内存字节数等于字符串中有效字符数加 1。增加的一个字节中存放字符 '\0'（ASCII 码为 0，称之为空字符），即使是 "" 这样的空串，也为空字符预留了空间。这是字符串结束的标志。

例如：

字符串 "C program" 在内存中所占的字节为：

C		p	r	o	g	r	a	m	\0

字符常量 'a' 和字符串常量 "a" 虽然都只有一个字符，但在内存中的情况是不同的。

'a' 在内存中占一个字节，可表示为：

a

"a" 在内存中占二个字节，可表示为：

a	\0

微课：书写 C 语言的常量

5. 书写符号常量

在 C 程序中，常量除了以自身的存在形式直接表示之外，还可以用标识符来表示常量。因为经常碰到这样的问题：常量本身是一个较长的字符序列，且在程序中重复出现，例如，取圆周率常数的值为 3.14159，如果在程序中多处出现，直接使用 3.14159 的表示形式势必会使编程工作显得繁琐，而且，当需要把圆周率的值修改为 3.1415926536 时，就必须逐个查找并修改，这样，会降低程序的可修改性和灵活性。因此，C 语言中提供了一种符号常量，即用指定的标识符来表示某个常量，在程序中需要使用该常量时就可直接使用该标识符。

C 语言中用宏定义命令对符号常量进行定义，其定义形式如下：

```
#define标识符  常量
```

其中，#define 是宏定义命令的专用定义符，标识符是对常量的命名，常量可以是前面介绍的几种类型常量中的任何一种。注意，#define 命令行不是语句，后面没有分号。

该定义使指定的标识符来代表指定的常量，这个被指定的标识符就称为符号常量。例如，在 C 程序中，要用 PI 代表一个常量 3.1415926，可用下面的宏定义命令：

```
#define PI 3.1415926
```

宏定义的功能是：在编译预处理时，将程序中宏定义命令之后出现的所有符号常量用宏定义命令中对应的常量一一替代。例如，对于以上宏定义命令，编译程序时，编译系统首先将程序中除这个宏定义命令之外的所有 PI 替换为 3.1415926。因此，符号常量通常也被称为宏替换名。

人们习惯上把符号常量名用大写字母表示。

（四）定义 C 语言的变量

变量是程序设计语言中的一个重要概念，它是指在程序运行时其值可以改变的量。这里所说的变量与数学中的变量是完全不同的概念。在 C 语言以及其他各种常规程序设计语言中，变量是表述数据存储的基本概念。我们知道，在计算机硬件的层次上，程序运行时数据的存储是靠内存储器、存储单元、存储地址等一系列相关机制实现的，这些机制在程序语言中的反映就是变量的概念。

程序里的一个变量可以看成是一个存储数据的容器，它的功能就是可以存储数据。对变量的基本操作有两个：①向变量中存入数据值，这个操作称作给变量"赋值"；②取得变量当前值，以便在程序运行过程中使用，这个操作称为"取值"。变量具有保持值的性质，也就是说，如果在某个时刻给某变量赋了一个值，此后使用这个变量时，每次得到的将总是这个值，直到给这个变量重新赋值。

因为要对变量进行"赋值"和"取值"操作，所以程序里的每个变量都要有一个变量名，程序是通过变量名来使用变量的。在 C 语言中，变量名作为变量的标识，其命名规则符合用户自定义标识符的所有规定。以下是合法的变量名：

f1 total name_1 _sum ave1 r123 stu_12_1 stu_name x1 x1_ pi year

C 语言要求：程序里使用的每个变量都必须先定义，后使用。也就是说，首先需要声明一个变量的存在，然后才能够使用它，因此变量的定义一般放在函数体的开头部分。要定义一个变量需要提供两方面的信息：变量的名字和它的类型，其目的是由变量的类型决定变量的存储结构，以便使 C 语言的编译程序为所定义的变量分配存储空间。

变量定义形式如下：

类型说明符 变量名表;

其中，

① 类型说明符是 C 语言中的一个有效的数据类型，如基本整型类型说明符 int、双精度实型类型说明符 double、字符型类型说明符 char 等；

② 变量名表的形式是：变量名 1，变量名 2……变量名 n，即用逗号分隔的变量名的集合，最后用一个分号结束定义。

微课：定义 C 语言的变量

定义变量的这种语言结构称为"变量说明"，例如下面是某程序中的变量说明：

```
int a, b, c;        /* 说明a,b,c为整型变量 */
char cc;            /* 说明cc为字符变量 */
double x, y;        /* 说明x,y为双精度实型变量 */
```

定义变量的同时可以给变量赋初值，这称之为"初始化"，比如：

```
int   a = 3, b = 5;
```

需要注意的是：

① 在初始化的时候，多个变量即使具有相同的初值，也必须分别初始化。

int   a = b = 3; 这种书写形式是错误的。

② 要区分变量名和变量值是两个不同的概念。变量名代表存储单元的名字，在变量操作时全权代表该存储单元，变量值是变量当前的值，是可变的。如果对变量重新赋值，原值将被覆盖消失，在存储单元内存放的将是新值，如图 3-3 所示。

另外，由于 C 语言是自由格式语言，把多个变量说明写在同一行也是允许的。但是为了程序清晰，人们一般不采用这种写法，尤其是初学者。在 C 程序中，除了不能用关键字作变量名外，可以用任何标识符作变量名。但是，一般提倡用能说明变量用途的、有意义的名字为变量命名，因

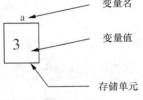

图 3-3 变量

为这样的名字对读程序的人有一定提示作用，有助于提高程序的可读性，尤其是当程序比较大、程序中的变量比较多时，这一点就显得尤其重要。这就是结构化程序设计所强调的编程风格问题。

任务二　计算 C 语言表达式

任务要求

　　小明已经学会了正确书写 C 语言的常量，也学会了正确定义变量并初始化，换句话说，"数"已经有了，接下来就可以进行运算了。

　　本任务要求认识 C 语言各种运算符，并能熟练计算 C 语言表达式。

相关知识

（一）运算符类别

　　C语言中运算符和表达式数量之多，在高级语言中是少见的。正是丰富的运算符和表达式使 C 语言功能十分完善。这也是 C 语言的主要特点之一。

　　C语言的运算符可分为以下几类。

　　① 算术运算符：用于各类数值运算，包括加（＋）、减（－）、乘（＊）、除（∕）、求余（或称模运算，%）、自增（++）、自减（--）共七种。

　　② 关系运算符：用于比较运算，包括大于（>）、小于（<）、等于（==）、大于等于（>=）、小于等于（<=）和不等于（!=）六种。

　　③ 逻辑运算符：用于逻辑运算，包括与（&&）、或（||）、非（!）三种。

　　④ 位操作运算符：参与运算的量，按二进制位进行运算，包括位与（&）、位或（|）、位非（~）、位异或（^）、左移（<<）、右移（>>）六种。

　　⑤ 赋值运算符：用于赋值运算，分为简单赋值（＝）、复合算术赋值（+=,-=,*=,/=,%=）和复合位运算赋值（&=,|=,^=,>>=,<<=）三类共十一种。

　　⑥ 条件运算符：这是一个三目运算符，用于条件求值（？:）。

　　⑦ 逗号运算符：用于把若干表达式组合成一个表达式（,）。

　　⑧ 指针运算符：用于取内容（＊）和取地址（&）二种运算。

　　⑨ 求字节数运算符：用于计算数据类型所占的字节数（sizeof）。

　　⑩ 特殊运算符：有括号()、下标[]、成员（→,.）等几种。

（二）运算符优先级

　　表 3-4 所示为运算符优先级。

表 3-4　运算符优先级

优先级	运算符	名称或含义	使用形式	结合方向	说明
1	[]	数组下标	数组名[常量表达式]	左到右	
	()	圆括号	（表达式）/函数名（形参表）		
	.	成员选择（对象）	对象.成员名		
	->	成员选择（指针）	对象指针->成员名		

续表

优先级	运算符	名称或含义	使用形式	结合方向	说明
2	+	正号运算符	+表达式	右到左	单目运算符
	−	负号运算符	−表达式		
	（类型）	强制类型转换	（数据类型）表达式		
	++	自增运算符	++变量名/变量名++		
	−−	自减运算符	−−变量名/变量名−−		
	*	取值运算符	*指针变量		
	&	取地址运算符	&变量名		
	!	逻辑非运算符	!表达式		
	~	按位取反运算符	~表达式		
	sizeof	长度运算符	sizeof（表达式）		
3	/	除	表达式/表达式	左到右	双目运算符
	*	乘	表达式*表达式		
	%	余数（取模）	整型表达式/整型表达式		
4	+	加	表达式+表达式	左到右	双目运算符
	−	减	表达式−表达式		
5	<<	左移	变量<<表达式	左到右	双目运算符
	>>	右移	变量>>表达式		
6	>	大于	表达式>表达式	左到右	双目运算符
	>=	大于等于	表达式>=表达式		
	<	小于	表达式<表达式		
	<=	小于等于	表达式<=表达式		
7	==	等于	表达式==表达式	左到右	双目运算符
	!=	不等于	表达式!= 表达式		
8	&	按位与	表达式&表达式	左到右	双目运算符
9	^	按位异或	表达式^表达式	左到右	双目运算符
10			按位或	表达式|表达式	左到右	双目运算符
11	&&	逻辑与	表达式&&表达式	左到右	双目运算符
12	||	逻辑或	表达式||表达式	左到右	双目运算符
13	?:	条件运算符	表达式1? 表达式2: 表达式3	右到左	三目运算符
14	=	赋值运算符	变量=表达式	右到左	双目运算符
	/=	除后赋值	变量/=表达式		
	*=	乘后赋值	变量*=表达式		
	%=	取模后赋值	变量%=表达式		
	+=	加后赋值	变量+=表达式		
	−=	减后赋值	变量−=表达式		
	<<=	左移后赋值	变量<<=表达式		
	>>=	右移后赋值	变量>>=表达式		
	&=	按位与后赋值	变量&=表达式		
	^=	按位异或后赋值	变量^=表达式		
	|=	按位或后赋值	变量|=表达式		

优先级	运算符	名称或含义	使用形式	结合方向	说明
15	,	逗号运算符	表达式，表达式，…	左到右	从左向右顺序运算

在 C 语言中，运算符的优先级和结合方向共同决定了表达式的计算次序。在某一运算操作数两边都有运算符的情况下，首先考虑两个运算符的优先级，优先级高的先运算；在优先级相同的情况下，考虑结合方向。"左到右"的结合方向代表运算数先与左侧运算符结合，"右到左"则相反。比如 a–b + c 这样的表达式，+运算符和-运算符优先级相同，则根据运算符的结合方向"左到右"，b 先和-运算符结合，先执行 a–b 运算。"左到右"的结合方向也叫"左结合性"，"右到左"的结合方向也叫"右结合性"。

任务实现

C 语言的表达式是由常量、变量、函数调用、小括号和运算符组合起来的有意义的式子。一个表达式有一个值及其类型，它们等于计算表达式所得结果的值和类型。表达式求值按运算符的优先级和结合性规定的顺序进行。单个的常量、变量、函数调用可以看作是表达式的特例。

（一）计算算术表达式

1. 算术运算符

算术运算符：用于各类数值运算，包括加（+）、减（–）、乘（*）、除（/）、求余（或称模运算，%）、自增（++）、自减（– –）共七种。

2. 运算规则

加（+）、减（–）、乘（*）、除（/）、模（%）这五种运算符的运算规则与我们熟知的数学运算基本一致，都需要两个操作数，具有左结合性。但有以下几点需要注意。

① 模（%）运算只能由整型数据参与运算，运算结果的符号取决运算符前面的操作数。

② 如果一个算术运算符两侧的操作数都是整数，那么运算结果也只能是整数；如果有一个操作数是实数，那么运算结果就是实数。比如：

3 + 5	得值8，表达式类型int
3 / 5	得值0，表达式类型int
123 / 100	得值1，表达式类型int
3.0 / 5	得值0.6，表达式类型double
1 / 3 + 1 / 3 + 1 / 3	得值0，表达式类型int
–7 % 2	得值–1，表达式类型int
7.0 % 2	这是错误的表达式

自增（++）、自减（– –）都是单目运算符，只需要一个操作数，具有右结合性。++运算符其功能是使变量的值自增 1，– –运算符其功能是使变量值自减 1。关于自增/自减运算的运算注意点如下。

① 自增自减运算只能作用于变量，不能作用于常量或表达式。例如 5++，或者（a+b）++都是不合法的表达式。

② 自增自减运算符可以写在操作数前面（前缀写法），也可以写在操作数后面（后缀写法）。

③ 对同样的操作变量，前缀写法和后缀写法的操作变量的最终值是一样的，都是操作变量的原值+1，但表达式值是不一样的。前缀写法的表达式值等于操作变量的终值，后缀写法的表达式值等

于操作变量的原值，如

```
int   m, n = 5;
```

① ++n：变量 n 的终值为 6，表达式值为 6

② n++：变量 n 的终值为 6，表达式值为 5

因此：m = ++n；等价于 n = n + 1；m = n；

m = n++；等价于 m = n；n = n + 1；

显然，这里的两种写法导致 m 值不同，因此在初学 C 语言时，我们一般将自增自减表达式单独书写。

3．不同类型数的混合运算

在同一个表达式中若参与运算的操作数的类型不同，则先转换成同一类型，然后进行运算。C 语言中的数据类型转换有三种，自动类型转换、强制类型转换和赋值中的类型转换。自动类型转换发生在不同数据类型的操作数混合运算时，由编译系统自动完成。自动转换遵循以下规则。

① 转换按数据长度增加的方向进行，以保证精度不降低。例如，int 型和 long 型运算时，先把 int 量转成 long 型后再进行运算。

② 所有的实型数运算都是以双精度进行的，即使仅含 float 单精度操作数运算的表达式，也要先转换成 double 型，再作运算。

③ char 型和 short 型操作数参与运算时，一律先转换成 int 型，如图 3-4 所示。

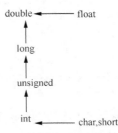

图 3-4　不同类型数的混合运算

4．强制类型转换

强制类型转换是通过类型转换运算来实现的。其一般形式为：

```
(类型说明符) (表达式)
```

其功能是把表达式的运算结果强制转换成类型说明符所表示的类型。

例如：

(float) a	表达式值是把a转换为实型后的数值
(int)(x+y)	表达式值是把x+y的结果转换为整型后的值

在使用强制转换时应注意以下问题。

① 类型说明符和表达式都必须加括号（单个变量可以不加括号），如把（int）（x+y）写成（int）x+y，则成了把 x 转换成 int 型之后再与 y 相加了。

② 无论是强制类型转换，还是自动类型转换，都只是为了本次运算的需要而对变量的数据长度进行的临时性转换，但不改变数据说明时对该变量定义的类型。例如(float) a 的表达式类型是 float 型的，a 还是原有类型，a 的存储单元里还是存放的原值。

（二）计算赋值表达式

1．赋值运算符

赋值运算符用于赋值运算，分为简单赋值（ = ）、复合算术赋值（ +=，-=，*=，/=，%= ）和复合位运算赋值（ &=，|=，^=，>>=，<<= ）三类共十一种。

2．运算规则

赋值运算符都是双目运算符，具有右结合性，由赋值运算符连接的式子称为赋值表达式，其功能是计算运算符右侧表达式的值（可称为右值），再赋予左边的变量（可称为左值）。其一般形式为：

> 变量 ＝ 表达式

注意，在赋值号左边只能出现变量。在计算赋值表达式时，先计算右值，然后再赋值给左变量，赋值后左变量的原值被覆盖消失。赋值表达式的值是左变量的新值，类型是左变量的类型。

如果赋值号两边量的数据类型不同，赋值号的右值将转换为左变量的类型。如果右值的数据类型长度比左边长时，将丢失一部分数据，这样会降低精度，丢失的部分按四舍五入向前舍入。这就是前面所述的赋值中的类型转换。

比如：

```
int a = 2, b = 3, c;
double d;
c = a + b;        //将a + b的值5赋给左变量c，c中存放数值5
a = b = c;        //相当于a = (b = c)；这样变量a和b中都有新值5，原值都消失了
d = a + (b = 6);  //即a变量值5 + 括号内的表达式值6，得值11，转换为左变量的类型11.0
                  //再赋值给左变量d，d中存放数值11.0
a = a + 10 = b;   //这是错误的表达式
```

在赋值符 "＝" 之前加上其他双目运算符可构成复合赋值符，这里的其他双目运算符包括算术运算和位运算两种。构成复合赋值表达式的一般形式为：

> 变量 双目运算符＝ 表达式

它等效于

> 变量 ＝ 变量 双目运算符 表达式

例如：

```
a += 5              等价于a = a + 5
x *= y + 7          等价于x = x * (y + 7)
r %= p              等价于r = r % p
```

> 微课：计算赋值表达式和逗号表达式

初学者可能不习惯复合赋值运算符这种写法，但其十分有利于编译处理，能提高编译效率并产生质量较高的目标代码。

（三）计算逗号表达式

1. 逗号运算符

在 C 语言中逗号 "，" 也是一种运算符，称为逗号运算符。其功能是把两个表达式连接起来组成一个表达式，称为逗号表达式。

其一般形式为：

> 表达式1，表达式2……表达式n

2. 运算规则

逗号运算符的优先级最低，逗号表达式自左往右依次计算各个表达式，整个逗号表达式的值是最后一个表达式的值，其类型是最后一个表达式的类型。

比如：

```
int a = 2, b = 4, c = 6, x, y;
y = ( (x = a + b), (b + c) ) ;
```

赋值号右边是一个逗号表达式，首先计算（x = a + b），该表达式是赋值表达式，其值为 6，然后计算（b + c），该表达式是算数表达式，其值为 10，然后以该值作为逗号表达式的值，赋值给左变量 y，y 获得新值 10。

（四）计算关系表达式

1. 关系运算符

在程序中经常需要比较两个量的大小关系，以决定程序下一步的工作。比较两个量的运算符称为关系运算符。在 C 语言中有以下六个关系运算符：<（小于）、<=（小于或等于）、>（大于）、>=（大于或等于）、==（等于）、（!=）不等于。

关系运算符都是双目运算符，其结合性均为左结合。关系运算符的优先级低于算术运算符，高于赋值运算符和逗号运算符。在六个关系运算符中，<、<=、>、>=的优先级相同，高于==和!=，==和!=的优先级相同。

2. 运算规则

由关系运算符连接而成的表达式称之为关系表达式，一般形式如下：

表达式　关系运算符　　表达式

其中，左右两侧的表达式可以是任意 C 表达式，当然也可以是关系表达式。关系表达式的求值过程：如果运算符两侧的表达式值与运算符相符，则表达式成立，值为 1；否则为 0。表达式类型为 int。比如：

微课：计算关系表达式和逻辑表达式

```
5 > 4        5和4之间的大小关系符合运算符>，表达式值为1
5 <= 5       5和5之间的大小关系符合运算符<=，表达式值为1
0 == 1       0和1之间的大小关系不符合运算符==，表达式值为0
5 > 4 > 3    5 > 4的表达式值为1，1和3的大小关系不符合运算符>，表达式值为0
(5 > 3) * 6  5 > 3的表达式值为1，整个表达式值为1 * 6得6
```

（五）计算逻辑表达式

1. 逻辑运算符

逻辑运算就是逻辑真假的判断运算，C 语言中提供了三种逻辑运算符：&&（逻辑与运算）、||（逻辑或运算）、!（逻辑非运算）。

逻辑与运算符&&和逻辑或运算符||均为双目运算符，具有左结合性。逻辑非运算符!为单目运算符，具有右结合性。逻辑运算符和其他常用运算符优先级如下。

"!"高于算术运算符，"&&"和"||"低于关系运算符，"&&"高于"||"，"||"高于赋值和逗号运算符。

2. 运算规则

由逻辑运算符连接而成的表达式称之为逻辑表达式，其一般形式为：

表达式　逻辑运算符　　表达式

其中，参与逻辑运算的表达式可以是任意的 C 语言表达式，此时运算表达式需要判断真假值，然后参与逻辑运算。在判断一个表达式是否为"真"时，以非 0 值代表"真"，即将一个非 0 的数值认为是"真"，以 0 值代表"假"。

逻辑表达式的值为"逻辑真"和"逻辑假"两种，但 C 语言中不存在逻辑类型，而是分别用"1"和"0"来表示，表达式类型 int。具体求值规则如下。

① 逻辑与运算&&：参与运算的两个表达式都为真时，结果为 1，否则为 0。如：

5 > 0 && 4 > 2   得值1

由于 5 > 0 表达式值为 1，判断为真，4 > 2 的表达式值也为 1，也判断为真，因此逻辑与运算的结果也为 1。

② 逻辑或运算||：参与运算的两个表达式只要有一个为真，结果为 1；两个都为假时，结果为 0，如：

5 - 5 || 5 > 8　　　　得值 0

由于 5 - 5 表达式值为 0，判断为假，5 > 8 的表达式值也为 0，也判断为假，因此逻辑或运算的结果也为 0。

③ 非运算!：参与运算的表达式为真时，结果为 0；参与运算的表达式为假时，结果为 1。如：

!(5 > 0)　　　　得值为 0

在逻辑运算中如果在一个表达式中不同位置上出现数值，应区分哪些是作为数值运算或关系运算的操作数，哪些作为逻辑运算的操作数。

在逻辑表达式的求解中，并不是所有逻辑运算符都需要执行，有时只需执行一部分运算就可以得到逻辑表达式的最后结果，这种情况称之为 "短路原则"，如下。

① x && y：只有 x 为真时，才需要判断 y 的值；只要 x 为假，就立即得出整个表达式为 0，此时 && 后面的表达式计算被跳过，即 "短路"。

② x || y：只要 x 为真（非 0），就不必判断 y；当 x 为假，才判断 y。

（六）计算条件表达式

条件运算符由两个符号 "?" 和 ":" 组成，要求有 3 个操作对象，称三目（元）运算符，它是 C 语言中唯一的三目运算符。条件表达式的格式为：

表达式1?　表达式2:　表达式3

如：a < b ? a : b

说明：

① 通常情况下，表达式 1 是关系表达式或逻辑表达式，用于描述条件表达式中的条件，表达式 2 和表达式 3 可以是常量、变量或表达式。

例如：x == y ? 'T' : 'F'

a > b ? printf("%d", a) : printf("%d", b)

以上均为合法的条件表达式。

② 条件表达式的求值过程：先求解表达式 1，若为非 0（真），则求解表达式 2，此时表达式 2 的值就作为整个条件表达式的值；若表达式 1 的值为 0（假），则求解表达式 3，表达式 3 的值就是整个条件表达式的值。

min = a < b ? a : b

执行结果就是将 a 和 b 二者中较小的赋给 min。

③ 条件表达式的优先级别仅高于赋值运算符和逗号运算符，而低于其他的所有运算符。因此，

c = a > b ? a : b + 1　　　　等效于　c = ((a > b) ? a : (b + 1))

④ 条件运算符的结合方向为 "自右至左"。例如：

x > 0 ? y > 0 ? 1 : 2 : 3　　　　等效于　x > 0 ? (y > 0 ? 1 : 2) : 3

微课：计算条件表达式和位运算表达式

（七）计算位运算表达式

1. 位运算符

参与运算的量按二进制位进行运算，对操作数（整型或字符型）中的每一位二进制数，将 0 看

成假，将 1 看成真，再按相应的逻辑进行运算。运算符包括按位与（&）、按位或（|）、按位非（~）、按位异或（ˆ）、左移（<<）、右移（>>）六种。

2．运算规则

1）按位与运算

按位与运算符"&"是双目运算符。其功能是参与运算的两数各对应的二进位相与。只有对应的两个二进位均为 1 时，结果位才为 1，否则为 0。参与运算的数以补码方式出现。位运算各例子示意图中，运算符前面的图表示意的是各运算数的二进制形式，而运算符后面的图表示意的是运算结果的二进制形式。如：

6 & 5　　　运算结果得 4

0	0	0	0	0	0	0	0	0	0	0	0	0	1	1	0
0	0	0	0	0	0	0	0	0	0	0	0	0	1	0	1

&

0	0	0	0	0	0	0	0	0	0	0	0	0	1	0	0

按位与运算通常用来对某些位清 0 或保留某些位。例如把 int 型数 a 的高八位清 0，保留低八位，可作 a & 255 运算（255 的二进制数为 0000000011111111）。

2）按位或运算

按位或运算符"|"是双目运算符。其功能是参与运算的两数各对应的二进位相或。只要对应的两个二进位有一个为 1 时，结果位就为 1，否则为 0。参与运算的两个数均以补码出现，如：

6 | 5　　　运算结果得 7

0	0	0	0	0	0	0	0	0	0	0	0	0	1	1	0
0	0	0	0	0	0	0	0	0	0	0	0	0	1	0	1

|

0	0	0	0	0	0	0	0	0	0	0	0	0	1	1	1

3）按位异或运算

按位异或运算符"ˆ"是双目运算符。其功能是参与运算的两数各对应的二进位相异或。当两对应的二进位相异时，结果为 1，否则为 0。参与运算数仍以补码出现，如：

6 ˆ 5　　　运算结果得 3

0	0	0	0	0	0	0	0	0	0	0	0	0	1	1	0
0	0	0	0	0	0	0	0	0	0	0	0	0	1	0	1

ˆ

0	0	0	0	0	0	0	0	0	0	0	0	0	0	1	1

4）按位非运算

按位非运算符"~"为单目运算符，具有右结合性。其功能是对参与运算的数的各二进位按位求反，1 变 0，0 变 1。需注意的是，~x 的值相当于 -x-1，如：

~6　　　运算结果得：-7

0	0	0	0	0	0	0	0	0	0	0	0	0	1	1	0

~

1	1	1	1	1	1	1	1	1	1	1	1	1	0	0	1

5）左移运算

左移运算符 "<<" 是双目运算符。其功能把 "<<" 左边的运算数的各二进位全部左移若干位，由 "<<" 右边的数指定移动的位数，高位丢弃，低位补 0。在运算结果上，左移 1 位相当于乘以 2，如：

6 << 2 　　　 运算结果得：24

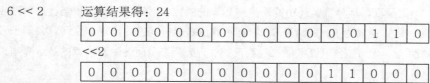

6）右移运算

右移运算符 ">>" 是双目运算符。其功能是把 ">>" 左边的运算数的各二进位全部右移若干位，由 ">>" 右边的数指定移动的位数，低位舍弃。对于有符号数，在右移时，符号位将随同移动。当为正数时，最高位补 0；而为负数时，符号位为 1。最高位补 0 或补 1 取决于编译系统的规定，一般都规定为补 1。在运算结果上，右移 1 位相当于除以 2，如：

6 >> 2 　　　 运算结果得：1

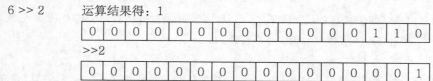

← 课后练习

1. 以下选项中可作为 C 语言合法常量的是（　　）。

A. -80. 　　　　　 B. -080 　　　　　 C. -8e1.0 　　　　　 D. -80.0e

2. 已知字母 A 的 ASCII 码是 65，字母 a 的 ASCII 码是 97，则用八进制表示的字符常量'\101'是（　　）。

A. 字符 A 　　　　 B. 字符 a 　　　　　 C. 字符 e 　　　　　 D. 非法的常量

3. 以下符合 C 语言语法的实型常量是（　　）。

A. 1.2E0.5 　　　 B. 3.14.159E 　　　 C. 5E-3 　　　　　 D. E15

4. 英文小写字母 d 的 ASCII 码为 100，英文大写字母 D 的 ASCII 码为（　　）。

A. 50 　　　　　　 B. 66 　　　　　　　 C. 52 　　　　　　　 D. 68

5. 数字字符 0 的 ASCII 值为 48，若有以下程序：

```
main()
{ char a='1',b='2 ';
  printf("%c,",b++);
  printf("%d\n",b-a);
}
```

程序运行后的输出结果是（　　）。

A. 3, 2 　　　　　 B. 50, 2 　　　　　　 C. 2, 2 　　　　　　 D. 2, 50

6. 以下选项中不属于 C 语言的类型的是（　　）。

A. signed short int 　　　　　　　　 B. unsigned long int

C. unsigned int　　　　　　　　　　　D. long short

7. C语言中最简单的数据类型包括（　　）。

　　A. 整型、实型、逻辑型　　　　　　B. 整型、实型、字符型

　　C. 整型、字符型、逻辑型　　　　　D. 整型、实型、逻辑型、字符型

8. 以下选项中属于 C 语言的数据类型是（　　）。

　　A. 复数型　　　　B. 逻辑型　　　　C. 双精度型　　　　D. 集合型

9. C语言提供的合法的数据类型关键字是（　　）。

　　A. Double　　　　B. short　　　　C. integer　　　　D. Char

10. 有以下定义语句 double a，b；　int w；　long c；若各变量已正确赋值，则下列选项中正确的表达式是（　　）。

　　A. a = a + b = b++　　　　　　　　B. w % (int) a + b；

　　C. (c + w) % (int) a　　　　　　　D. w = a == b；

11. 设有 int x = 11；　则表达式(x++ * 1 / 3)的值是（　　）。

　　A. 3　　　　B. 4　　　　C. 11　　　　D. 12

12. 若 a 为 int 类型，且其值为 3，则执行完表达式 a += a -= a * a 后，a 的值是（　　）。

　　A. −3　　　　B. 9　　　　C. −12　　　　D. 6

13. 设 a 和 b 均为 double 型变量，且 a = 5.5，b = 2.5，则表达式(int)a + b / b 的值是（　　）。

　　A. 6.500000　　　　B. 6　　　　C. 5.500000　　　　D. 6.000000

14. C 语言运算对象必须是整型的运算符是（　　）。

　　A. %　　　　B. /　　　　C. =　　　　D. <=

15. 若 x 和 y 都是 int 型变量，x=100、y=200，且有下面的程序片段：

```
printf("%d",(x,y) );
```

上面程序片段的输出结果是（　　）。

　　A. 200　　　　　　　　　　　　　B. 100

　　C. 100　　200　　　　　　　　　　D. 输入格式符不够，输出不确定的值

16. 有以下程序：

```
main()
{ int m=12, n=34;
  printf("%d%d", m++, ++n);
  printf("%d%d\n", n++, ++m);
}
```

程序运行后的输出结果是（　　）。

　　A. 12353514　　　B. 12353513　　　C. 12343514　　　D. 12343513

17. 若整型变量 a、b、c、d 中的值依次为：1、4、3、2，则条件表达式 a<b？a：c<d？c：d 的值是（　　）。

　　A. 1　　　　B. 2　　　　C. 3　　　　D. 4

18. 若变量 c 为 char 类型，能正确判断出 c 为小写字母的表达式是（　　）。

　　A. 'a' <= c <= 'z'　　　　　　　B. (c >= 'a') || (c <= 'z')

　　C. ('a' <= c) and ('z' >= c)　　　D. (c >= 'a') && (c <= 'z')

19. 设 int   x = 1，y = 1；表达式(!x || y--)的值是（   ）。

    A. 0　　　　　　　B. 1　　　　　　　C. 2　　　　　　　D. -1

20. 有以下程序。

```
main()
{ int a = 1, b = 2, m = 0, n = 0, k;
  K = (n = b > a) || (m = a < b);
  printf("%d,%d\n", k, m);
}
```

    程序运行后的输出结果是（   ）。

    A. 0,0　　　　　　B. 0,1　　　　　　C. 1,0　　　　　　D. 1,1

21. 设有定义语句：char c1 = 92, c2 = 92;，则以下表达式中值为零的是（   ）。

    A. c1^c2　　　　　B. c1&c2　　　　　C. ~c2　　　　　　D. c1|c2

22. 有以下程序：

```
 main()
{unsigned   char   a = 2, b = 4, c = 5, d;
 d = a | b;
 d &= c;
printf("%d\n", d); }
```

查看答案与解析 3

    程序运行后的输出结果是（   ）。

    A. 3　　　　　　　B. 4　　　　　　　C. 5　　　　　　　D. 6

23. 设有 char x = 040；则表达式 x << 1 的值是（   ）。

    A. 100　　　　　　B. 80　　　　　　C. 64　　　　　　D. 32

项目四

设计顺序结构程序

从程序流程的角度来看，程序可以分为三种基本结构，即顺序结构、选择结构（分支结构）、循环结构，它们可以组成所有的各种复杂程序。C语言提供了多种语句来实现这些程序结构。本章将介绍这些基本语句及其在顺序结构中的应用，使读者对C程序有一个初步的认识，为后面各章的学习打下基础。

➡ 课堂学习目标

■ 认识C语言的语句分类
■ 掌握表达式、复合语句以及空语句的使用方法
■ 熟练使用格式输入输出语句

本任务要求掌握顺序结构的程序设计，能够使用表达式语句、空语句以及复合语句，可完成程序的输入输出。

🔍 **相关知识**

（一）C 语言语句分类

C 程序的执行部分是由语句组成的。程序的功能也是由执行语句实现的。

C 语言语句可分为以下五类：

（1）表达式语句

（2）函数调用语句

（3）控制语句

（4）复合语句

（5）空语句

（二）表达式语句

C 语言有一条规则，那就是任何表达式均可用作语句。换句话说，不论任何类型或计算结果，任何表达式都可以通过添加分号的形式转换为语句，例如将++i 转换为语句：

```
++i;
```

执行这条语句时，i 先进行自增，然后将新值进行取出。但是，由于++i 不是长表达式中的一部分，所以会丢弃它的值，同时执行下一条语句。

既然会丢掉++i 的值，那么除非表达式有副作用，否则将表达式用作语句并没有什么意义。一起来看看下边的例子。在第一个例子中，i 存储了 1，然后取出 i 的新值，但并未使用：

```
i=1;
```

第二个例子中，取出 i 的值，但并没有使用，随后 i 进行自减：

```
i--;
```

在第三个例子中，计算出表达式 i*j-1 的值后丢掉：

```
i*j-1;
```

因为 i 和 j 没有变化，所以这条语句没有任何作用。

（三）复合语句和空语句

把多个语句用括号{}括起来组成的一个语句称复合语句。在程序中应把复合语句看成是单条语句，而不是多条语句。

例如：

```
{
        x = y + z;
        a = b + c;
        printf("%d%d", x, a);
```

}

是一条复合语句。

复合语句内的各条语句都必须以分号";"结尾，在括号"}"外不能加分号。

只有分号";"组成的语句称为空语句。空语句是什么也不执行的语句。在程序中空语句可用来作空循环体。

例如

微课：认识 C 语言
语句分类

```
while(getchar()!='\n');
```

本语句的功能是，只要从键盘输入的字符不是回车，则重新输入。

这里的循环体为空语句。

任务实现

（一）设计格式输出语句

printf 函数是一个标准库函数，它的函数原型在头文件"stdio.h"中。但作为一个特例，不要求在使用 printf 函数之前必须包含 stdio.h 文件。printf 函数调用的一般形式为：

printf("格式控制字符串", 输出表列);

其中，格式控制字符串用于指定输出格式。格式控制串可由格式字符串和非格式字符串两种组成。格式字符串是以%开头的字符串，在%后面跟有各种格式字符，以说明输出数据的类型、形式、长度、小数位数等。例如：

➢ "%d" 表示按十进制整型输出；

➢ "%ld" 表示按十进制长整型输出；

➢ "%c" 表示按字符型输出等。

非格式字符串原样输出，在显示中起提示作用。输出表列中给出了各个输出项，要求格式字符串和各输出项在数量和类型上应该一一对应。

下边对 printf 函数进行举例。

```
#include <stdio.h>
int main(void)
{
    int a = 88, b = 89;
    printf("%d %d\n",a,b);
    printf("%d,%d\n",a,b);
    printf("%c,%c\n",a,b);
    printf("a=%d,b=%d",a,b);
    return 0;
}
```

本例中四次输出了 a、b 的值，但由于格式控制串不同，输出的结果也不相同。第 1 个输出语句格式控制串中，两格式串%d 之间加了一个空格（非格式字符），所以输出的 a、b 值之间有一个空格。第 2 个 printf 语句格式控制串中加入的是非格式字符逗号，因此输出的 a、b 值之间加了一个逗号。第 3 个的格式串要求按字符型输出 a、b 值。第 4 个中为了提示输出结果又增加了非格式字符串。

微课：格式输出
语句

格式字符串的一般形式为：

[标志][输出最小宽度][.精度][长度]类型

其中，方括号[]中的项为可选项。

各项的意义介绍如表 4-1 ~ 表 4-2 所示。

1. 类型

类型字符用以表示输出数据的类型，其格式符和意义如表 4-1 所示。

表 4-1　类型格式字符及其意义

格式字符	意义
d	以十进制形式输出带符号整数（正数不输出符号）
o	以八进制形式输出无符号整数（不输出前缀 0）
x，X	以十六进制形式输出无符号整数（不输出前缀 0x）
u	以十进制形式输出无符号整数
f	以小数形式输出单、双精度实数
e，E	以指数形式输出单、双精度实数
g，G	以%f 或%e 中较短的输出宽度输出单、双精度实数
c	输出单个字符
s	输出字符串

2. 标志

标志字符为-、+、#和空格四种，其意义如表 4-2 所示。

表 4-2　标志字符及其意义

标志	意义
-	结果左对齐，右边填空格
+	输出符号（正号或负号）
空格	输出值为正时冠以空格，为负时冠以负号
#	对 c、s、d、u 类无影响；对 o 类，在输出时加前缀 o；对 x 类，在输出时加前缀 0x；对 e、g、f 类，当结果有小数时才给出小数点

3. 输出最小宽度

用十进制整数来表示输出的最少位数。若实际位数多于定义的宽度，则按实际位数输出，若实际位数少于定义的宽度，则补以空格或 0。

4. 精度

精度格式符以"."开头，后跟十进制整数。本项的意义是：如果输出数字，则表示小数的位数；如果输出的是字符，则表示输出字符的个数；若实际位数大于所定义的精度数，则截去超过的部分。

5. 长度

长度格式符为 h、l 两种，h 表示按短整型量输出，l 表示按长整型量输出。请看如下例子。

```c
#include <stdio.h>
int main(void)
{
 int a=15;
```

```
    float b=123.1234567;
    double c=12345678.1234567;
    char d='p';

    printf("a=%d\n", a);
    printf("a(%%d)=%d,a(%%5d)=%5d,a(%%o)=%o,a(%%x)=%x\n\n",a,a,a,a);  // %% 可以输出 %

    printf("a=%f\n", b);
    printf("b(%%f)=%f,b(%%lf)=%lf,b(%%5.4lf)=%5.4lf,b(%%e)=%e\n\n",b,b,b,b);

    printf("c=%f\n", c);
    printf("c(%%lf)=%lf, c(%%f)=%f, c(%%8.4lf)=%8.4lf\n\n",c,c,c);

    printf("d=%c\n", d);
    printf("d(%%c)=%c, d(%%8c)=%8c\n\n",d,d);
    return 0;
}
```

运行结果：

```
a=15
a(%d)=15, a(%5d)=   15, a(%o)=17, a(%x)=f

a=123.123457
b(%f)=123.123457, b(%lf)=123.123457, b(%5.4lf)=123.1235, b(%e)=1.231235e+002

c=12345678.123457
c(%lf)=12345678.123457, c(%f)=12345678.123457, c(%8.4lf)=12345678.1235

d=p
d(%c)=p, d(%8c)=       p
```

本例中：

第 9 行以四种格式输出整型变量 a 的值，其中"%5d"要求输出宽度为 5，而 a 值为 15 只有两位，故补三个空格。

第 11 行以四种格式输出实型量 b 的值。其中"%f"和"%lf"格式的输出相同，说明"l"符对"f"类型无影响。"%5.4lf"指定输出宽度为 5，精度为 4，由于实际长度超过 5，故应该按实际位数输出，小数位数超过 4 位部分被截去。

第 13 行输出双精度实数，"%8.4lf"由于指定精度为 4 位，故截去了超过 4 位的部分。

第 15 行输出字符量 d，其中"%8c"指定输出宽度为 8，故在输出字符 p 之前补加 7 个空格。

使用 printf 函数时还要注意一个问题，那就是输出表列中的求值顺序。不同的编译系统不一定相同，可以从左到右，也可从右到左。Visual C++是按从右到左进行的。请看下面两个例子。

在一个 printf()里输出

```
#include <stdio.h>
int main(void)
{
    int i=8;
    printf("The raw value: i=%d\n", i);
    printf("++i=%d \n++i=%d \n--i=%d \n--i=%d\n",++i,++i,--i,--i);
```

```
        return 0;
    }
```

运行结果：

```
The raw value: i=8
++i=8
++i=7
−−i=6
−−i=7
```

在多个 printf() 里输出：

```
#include <stdio.h>
int main(void)
{
    int i=8;
    printf("The raw value: i=%d\n", i);
    printf("++i=%d\n", ++i);
    printf("++i=%d\n", ++i);
    printf("−−i=%d\n", −−i);
    printf("−−i=%d\n", −−i);
    return 0;
}
```

运行结果：

```
The raw value: i=8
++i=9
++i=10
−−i=9
−−i=8
```

这两个程序的区别是用一个 printf 语句和多个 printf 语句输出。从结果可以看出是不同的。为什么结果会不同呢？就是因为 printf 函数对输出表中各量求值的顺序是自右至左进行的。

但是必须注意，求值顺序虽是自右至左，但是输出顺序还是从左至右，因此得到的结果是上述输出结果。

（二）设计格式输入语句

scanf 函数是一个标准库函数，它的函数原型在头文件"stdio.h"中。与 printf 函数相同，C 语言也允许在使用 scanf 函数之前不必包含 stdio.h 文件。scanf 函数的一般形式为：

scanf("格式控制字符串", 地址表列);

其中，格式控制字符串的作用与 printf 函数相同，但不能显示非格式字符串，也就是不能显示提示字符串。地址表列中给出各变量的地址。地址是由地址运算符"&"后跟变量名组成的。

例如：&a、&b 分别表示变量 a 和变量 b 的地址。

这个地址就是编译系统在内存中给 a、b 变量分配的地址。在 C 语言中，使用了地址这个概念，这是与其他语言不同的。应该把变量的值和变量的地址这两个不同的概念区别开来。变量的地址是 C 编译系统分配的，用户不必关心具体的地址是多少。

在赋值表达式中给变量赋值，如：

```
a = 567;
```

则 a 为变量名，567 是变量的值，&a 是变量 a 的地址。但在赋值号左边是
变量名，不能写地址，而 scanf 函数在本质上也是给变量赋值，但要求写变量的
地址，如&a。这两者在形式上是不同的。&是一个取地址运算符，&a 是一个表
达式，其功能是求变量的地址。

微课：格式输入语句

```
#include <stdio.h>
int main(void){
    int a, b, c;
    printf("input a,b,c:\n");
    scanf("%d%d%d", &a, &b, &c);
    printf("a=%d,b=%d,c=%d", a, b, c);
    return 0;
}
```

在本例中，由于 scanf 函数本身不能显示提示串，故先用 printf 语句在屏幕上输出提示，请用户
输入 a、b、c 的值。执行 scanf 语句，等待用户输入。在 scanf 语句的格式串中由于没有非格式字符
在 "%d%d%d" 之间作输入时的间隔，因此，在输入时要用一个以上的空格或回车键作为每两个输入
数之间的间隔，如：

```
7 8 9
```

或

```
7
8
9
```

格式字符串的一般形式为：

%[*][输入数据宽度][长度]类型

其中有方括号[]的项为任选项。各项的意义如下。

1）类型

表示输入数据的类型，其格式符和意义如表 4-3 所示。

表 4-3　类型格式符及其意义

格式	字符意义
d	输入十进制整数
o	输入八进制整数
x	输入十六进制整数
u	输入无符号十进制整数
f 或 e	输入实型数（用小数形式或指数形式）
c	输入单个字符
s	输入字符串

2）"*"符

用以表示该输入项，读入后不赋予相应的变量，即跳过该输入值，如：

scanf("%d %*d %d",&a,&b);

当输入为 1 2 3 时，把 1 赋予 a，2 被跳过，3 赋予 b。

3）宽度

用十进制整数指定输入的宽度（即字符数）。例如：

```
scanf("%5d",&a);
```

输入 12345678 只把 12345 赋予变量 a，其余部分被截去，又如：

```
scanf("%4d%4d",&a,&b);
```

输入 12345678 将把 1234 赋予 a，而把 5678 赋予 b。

4）长度

长度格式符为 l 和 h，l 表示输入长整型数据（如%ld）和双精度浮点数（如%lf）。h 表示输入短整型数据。使用 scanf 函数还必须注意以下几点。

scanf 函数中没有精度控制，如 scanf("%5.2f",&a);是非法的。不能企图用此语句输入小数为 2 位的实数。

scanf 中要求给出变量地址，如给出变量名则会出错。如 scanf("%d",a);是非法的，改为 scnaf("%d",&a);才是合法的。

在输入多个数值数据时，若格式控制串中没有非格式字符作输入数据之间的间隔，则可用空格、TAB 或回车作间隔。C 编译在碰到空格、TAB、回车或非法数据（如对 "%d" 输入 "12A" 时，A 即为非法数据）时，即认为该数据结束。

在输入字符数据时，若格式控制串中无非格式字符，则认为所有输入的字符均为有效字符。

例如：

```
scanf("%c%c%c",&a,&b,&c);
```

输入 d e f 则把'd'赋予 a，' ' 赋予 b，'e'赋予 c。只有当输入为 def 时，才能把'd'赋于 a，'e'赋予 b，'f'赋予 c。

如果在格式控制中加入空格作为间隔，如：

```
scanf ("%c %c %c",&a,&b,&c);
```

则输入时各数据之间可加空格。例子如下。

```
#include <stdio.h>
int main()
{
        char a,b;
        printf("input character a,b\n");
        scanf("%c%c",&a,&b);
        printf("%c%c\n",a,b);
        return 0;
}
```

由于 scanf 函数"%c%c"中没有空格，如果键盘输入的是 M N，则字符给了变量 a，空格字符给了变量 b，结果屏幕输出 M。而如果输入改为 MN 时，则字符 M 给了变量 a，字符 N 给了变量 b，屏幕输出 MN 两字符。

```
#include <stdio.h>
int main()
{
    int a,b,c;
    printf("input character a,b,c\n ");
```

```
    scanf("%c %c %c",&a,&b,&c);
    printf("%d,%d,%d\n%c,%c,%c\n",a,b,c,a-32,b-32,c-32);
    return 0;
}
```

本例表示 scanf 格式控制串"%c %c"之间有空格时，输入的数据之间可以有空格间隔。

5）非格式字符

如果格式控制串中有非格式字符，则输入时也要输入该非格式字符。

例如：

```
scanf("%d,%d,%d",&a,&b,&c);
```

其中用非格式符“,”作间隔符，故输入时应为 5，6，7。又如：

```
scanf("a=%d,b=%d,c=%d",&a,&b,&c);
```

则输入应为 a=5，b=6，c=7。

6）输入与输出类型不一致

如输入的数据与输出的类型不一致时，虽然编译能够通过，但结果将不正确。

例如：

```
#include <stdio.h>
int main(void)
{
    int a;
    printf("input a number\n");
    scanf("%d",&a);
    printf("%ld",a);
    return 0;
}
```

由于输入数据类型为整型，而输出语句的格式串中说明为长整型，因此输出结果和输入数据不符。

例如：

```
#include <stdio.h>
int main(void)
{
    long a;
    printf("input a long integer\n");
    scanf("%ld",&a);
    printf("%ld",a);
    return 0;
}
```

运行结果为：

```
input a long integer
1234567890
1234567890
```

当输入数据改为长整型后，输入输出数据相等。

例如：

```
#include <stdio.h>
int main(void)
```

```
{
    char a,b,c;
    printf("input character a,b,c\n");
    scanf("%c %c %c",&a,&b,&c);
    printf("%d,%d,%d\n%c,%c,%c\n",a,b,c,a-32,b-32,c-32);
    return 0;
}
```

输入三个小写字母，输出其 ASCII 码和对应的大写字母。

例如：

```
#include <stdio.h>
int main(void){
    int a;
    long b;
    float f;
    double d;
    char c;
    printf("\nint:%d\nlong:%d\nfloat:%d\ndouble:%d\nchar:%d\n",sizeof(a),
    sizeof(b),sizeof(f),sizeof(d),sizeof(c));
    return 0;
}
```

输出各种数据类型的字节长度。

（三）设计字符输入输出语句

在 C 语言中，输入输出语句除了 scanf 和 printf，对于字符的输入输出还可以使用 getchar()函数和 putchar()函数。

（1）putchar 函数

它是字符输出函数，其功能是在显示器上输出单个字符。其一般形式为：

```
putchar(字符变量);
```

例如：

微课：字符输入
输出语句

```
putchar('A');        /* 输出大写字母A */
putchar(x);          /* 输出字符变量x的值 */
putchar('\101');     /* 也是输出字符A */
putchar('\n');       /* 换行 */
```

对控制字符则执行控制功能，不在屏幕上显示。

使用本函数前必须要用文件包含命令：

```
#include<stdio.h>
```

或

```
#include "stdio.h"
```

例如：

```
#include<stdio.h>
int main(void)
{
```

```
    char a='B',b='o',c='k';
    putchar(a); putchar(b); putchar(b); putchar(c); putchar('\t');
    putchar(a); putchar(b);
    putchar('\n');
    putchar(b); putchar(c);
    putchar('\n');
    return 0;
}
```

（2）getchar 函数（键盘输入函数）。

getchar 函数的功能是从键盘上输入一个字符。其一般形式为：

getchar();

通常把输入的字符赋予一个字符变量，构成赋值语句，如：

char c;

c=getchar();

例如，输入单个字符：

```
#include<stdio.h>
int main(void)
{
    char c;
    printf("input a character\n");
    c=getchar();
    putchar(c);
    return 0;
}
```

使用 getchar 函数还应注意几个问题。

① getchar 函数只能接受单个字符，输入数字也按字符处理。输入多于一个字符时，只接收第一个字符。

② 使用本函数前必须包含文件"stdio.h"。

③ 程序最后两行可用下面两行的任意一行代替：

putchar(getchar());

printf("%c",getchar());

📌 课后练习

1. 以下叙述中正确的是（　　）。

　　A. 调用 printf 函数时，必须要有输出项

　　B. 使用 putchar 函数时，必须在之前包含头文件 stdio.h

　　C. 在 C 语言中，整数可以以十二进制、八进制或十六进制的形式输出

　　D. 调用 getchar 函数读入字符时，可以从键盘上输入字符所对应的 ASCII 码

2. 有以下程序：

main( )

{

```
    int x=102, y=012;
    printf("%2d,%2d\n",x,y);
}
```

执行后输出结果是（   ）。

    A. 10，01   B. 002，12   C. 102，10   D. 02，10

3. 有以下程序：

```
main()
{ int a=666,b=888;
printf("%d\n",a,b);
}
```

程序运行后的输出结果是（   ）。

    A. 错误信息   B. 666   C. 888   D. 666，888

4. 有以下程序：

```
main( )
{    int x,y,z;
     x=y=1;
     z=x++,y++,++y;
     printf("%d,%d,%d\n",x,y,z);
}
```

程序运行后的输出结果是（   ）。

    A. 2，3，3   B. 2，3，2   C. 2，3，1   D. 2，2，1

5. 有以下程序：

```
main( )
{    int a=0,b=0;
     a =10;                    /*给a赋值
     b=20;                     给b赋值*/
     printf( "a+b=%d\n",a+b);   /*输出计算结果*/
}
```

程序运行后的输出结果是（   ）。

    A. a+b=10   B. a+b=30   C. 30   D. 出错

6. 以下程序段的输出结果是（   ）。

```
int a=1234;
printf("-2d\n",a);
```

    A. 12   B. 34   C. 1234   D. 提示出错、无结果

7. 有以下程序：

```
main()
{ char a,b,c,d;
  scanf("%c,%c,%d,%d",&a,&b,&c,&d);
  printf("c,%c,%c,%c\n",a,b,c,d);
}
```

若运行时从键盘上输入：6，5，65，66↙，则输出结果是（   ）。

    A. 6，5，A，B   B. 6，5，65，66   C. 6，5，6，5   D. 6，5，6，6

8. 设变量均已正确定义，若要通过 scanf("%d%c%d%c",&a1,&c1,&a2,&c2);语句为变量 a1 和 a2 赋数值 10 和 20，为变量 c1 和 c2 赋字符 X 和 Y。以下所示的输入形式中正确的是（   ）（注：□代表空格字符）（   ）。

  A. 10□X□20□Y〈回车〉   B. 10□X20□Y〈回车〉

  C. 10□X〈回车〉   D. 10X〈回车〉

    20□Y〈回车〉   20Y〈回车〉

9. 请读程序：

```
#include <stdio.h>
main()
{
    int a;   float b, c;
    scanf("%2d%3f%4f",&a,&b,&c);
    printf("\na=%d,b=%f,c=%f\n",a,b,c);
}
```

若运行时从键盘上输入 9876543210 ，则上面程序的输出结果是（   ）。

  A. a=98，b=765，c=4321   B. a=10，b=432，c=8765

  C. a=98，b=765.000000，c=4321.000000 D. a=98，b=765.0，c=4321.0

10. X、Y、Z 被定义为 int 型变量，若从键盘给 X、Y、Z 输入数据，正确的输入语句是（   ）。

  A. INPUT X,Y,Z;   B. scanf("%d%d%d",&X,&Y,&Z);

  C. scanf("%d%d%d",X,Y,Z);   D. read("%d%d%d",&X,&Y,&Z);

11. 已知 i、j、k 为 int 型变量，若从键盘输入：1，2，3✓，使 i 的值为 1，j 的值为 2，k 的值为 3，以下选项中正确的输入语句是（   ）。

  A. scanf("%2d%2d%2d",&i,&j,&k);   B. scanf(""%d   %d   %d",&i,&j,&k);

  C. scanf("%d,%d,%d",&i,&j,&k);   D. scanf("i=%d,j=%d,k=%d",&i,&j,&k);

12. 设有定义：long x=-123456L;，则以下能够正确输出变量 x 值的语句是（   ）。

  A. printf("x=%d\n", x);   B. printf("x=%ld\n", x);

  C. printf("x=%8dL\n", x);   D. printf("x=%LD\n", x);

查看答案与解析 4

项目五

设计选择结构程序

从程序流程的角度来看，程序可以分为三种基本结构，即顺序结构、选择结构（分支结构）、循环结构，它们可以组成所有的各种复杂程序。C语言提供了多种语句来实现这些程序结构。 本章主要介绍分支结构，包括 if...else 语句以及 switch 语句，使读者对 C 程序有一个更进一步的认识。

➜ 课堂学习目标

■ 使用 if 语句

■ 使用 switch 语句

任务一　使用 if 语句

任务要求

经过前面几个项目的学习，小明已经能比较熟练地使用 C 语言程序语句以及顺序结构程序。但如果面临数据的选择时该怎么办呢？比如将大于或等于 60 分的成绩显示为及格，小于 60 分的成绩显示为不及格，若使用顺序结构会增加代码的运行时间，则我们可通过使用选择结构节省代码的运行时间。

本任务要求掌握 if 语句相关概念，能正确使用 if 语句、if...else 语句以及 if 的嵌套语句。

任务实现

（一）认识基本的 if 语句

用 if 语句可以构成分支结构。它根据给定的条件进行判断，以决定执行某个分支程序段。C 语言的 if 语句有三种基本形式。

① 基本形式：if，语句格式如下：

```
if(表达式) 语句;
```

其语义是：如果表达式的值为真，则执行其后的语句，否则不执行该语句。其过程可表示为图 5-1。

② 基本形式：if...else，语句格式如下：

```
if(表达式)
        语句1;
else
        语句2;
```

其语义是：如果表达式的值为真，则执行语句 1，否则执行语句 2。其执行过程如图 5-2 所示。

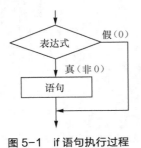

图 5-1　if 语句执行过程

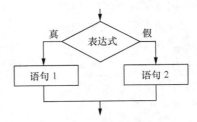

图 5-2　if...else 语句执行过程

③ 基本形式：if...else if...else，语句格式如下：

```
if(表达式1)
        语句1;
else    if(表达式2)
        语句2;
else    if(表达式3)
```

```
            语句3;
            …
    else
            语句n;
```

其语义是：依次判断表达式的值，当出现某个值为真时，则执行其对应的语句，然后跳到整个 if 语句之外继续执行程序。如果所有的表达式均为假，则执行语句 n，然后继续执行后续程序。if...else if...else 语句的执行过程如图 5-3 所示。

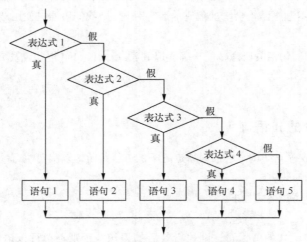

图 5-3　if...else if...else 语句执行过程

（二）使用 if 语句

通过上一节对 if 语句的基本介绍，相信读者已经对其有了基本的认识，下边便对其三种类型结构的使用方法进行介绍。

1. 只使用 if 语句

有时，需要在满足某种条件时进行一些操作，而不满足条件时就不进行任何操作，这个时候可以只使用 if 语句。

下述例子用于求两个数中的较大值：

```c
#include <stdio.h>
int main()
{
    int a, b, max;
    printf("输入两个整数:");
    scanf("%d %d", &a, &b);
    max = b;    // 假设b最大
    if(a > b)
        max = a;    // 如果a>b，那么更改max的值
    printf("%d和%d的较大值是: %d\n", a, b, max);
    return 0;
}
```

运行结果：

输入两个整数：34 28

34 和 28 的较大值是：34

本例程序中，输入两个数 a、b。把 b 先赋予变量 max，再用 if 语句判别 max 和 b 的大小，如 max 小于 b，则把 b 赋予 max。因此 max 中总是大数，最后输出 max 的值。

2. 使用 if...else 语句

当面临两种选择时，需使用 if 和 else 关键字对条件进行判断。例如：

```c
#include <stdio.h>
int main()
{
    int age;
    printf("请输入你的年龄:");
    scanf("%d", &age);
    if(age >= 18)
    {
        printf("恭喜，你已经成年，可以使用该软件!\n");
    }
    else
    {
        printf("抱歉，你还未成年，不宜使用该软件!\n");
    }
    return 0;
}
```

可能的运行结果：

请输入你的年龄：23

恭喜，你已经成年，可以使用该软件！

或者：

请输入你的年龄：16

抱歉，你还未成年，不宜使用该软件！

这段代码中，age>=18 是需要判断的条件，>=表示"大于等于"，等价于数学中的≥。

如果条件成立，也即 age 大于或者等于 18，那么执行 if 后面的语句（第 8 行）；如果条件不成立，也即 age 小于 18，那么执行 else 后面的语句（第 10 行）。

再例如，将单独使用 if 语句求两个数中的较大值的例子进行修改：

```c
#include <stdio.h>
int main()
{
    int a, b, max;
    printf("输入两个整数:");
    scanf("%d %d", &a, &b);
    if(a>b)
        max = a;
    else
```

```
        max = b;
    printf("%d和%d的较大值是: %d\n", a, b, max);
    return 0;
}
```

运行结果：

输入两个整数：34 28

34 和 28 的较大值是：34

本例中借助变量 max，用 max 来保存较大的值，最后将 max 输出。

3. 多个 if...else 语句

当面临多个选择，而 if...else 无法完成功能时，便需要使用多个 if else 语句来完成。

此选择语句一旦遇到能够成立的判断条件，则不再执行其他的语句块，所以最终只能有一个语句块被执行。

例如，使用多个 if else 语句判断输入的字符的类别：

```
#include <stdio.h>
int main()
{
    char c;
    printf("Input a character:");
    c = getchar();
    if(c < 32)
        printf("This is a control character\n");
    else if(c >= '0' && c <= '9')
        printf("This is a digit\n");
    else if(c >= 'A' && c <= 'Z')
        printf("This is a capital letter\n");
    else if(c >= 'a' && c<= 'z')
        printf("This is a small letter\n");
    else
        printf("This is an other character\n");
    return 0;
}
```

运行结果：

```
Input a character:e
This is a small letter
```

本例要求判别键盘输入字符的类别，可以根据输入字符的 ASCII 码来判别类型。由 ASCII 码表可知 ASCII 值小于 32 的为控制字符。在 "0" 和 "9" 之间的为数字，在 "A" 和 "Z" 之间为大写字母，在 "a" 和 "z" 之间为小写字母，其余则为其他字符。这是一个多分支选择的问题，用多个 if...else 语句编程，判断输入字符 ASCII 码所在的范围，分别给出不同的输出。例如输入为 "e"，输出显示它为小写字符。

（三）使用嵌套的 if 语句

当分支结构的语句块也需要进行分支选择时，可以使用 if 的嵌套语句，实际上，上面所述的第三种 if 基本形式也是一种嵌套的 if 语句。

例如：

```
#include <stdio.h>
int main()
{
    int a, b;
    printf("Input two numbers:");
    scanf("%d %d", &a, &b);
    if(a != b)
    {
        if(a > b) printf("a>b\n");
        else       printf("a<b\n");
    }
    else
    {
        printf("a=b\n");
    }
    return 0;
}
```

运行结果：

```
Input two numbers:12 68
a<b
```

使用 if 嵌套语句时，要注意 if 和 else 的配对问题。C 语言规定：else 总是与它前面最近的、尚未配对的 if 进行配对，但一对 {} 内外的 if 和 else 是无法配对的。例如：

```
if(a != b)   // ①
if(a > b) printf("a>b\n");   // ②
else       printf("a<b\n");   // ③
```

③和②配对，而不是和①配对。

任务二　使用 switch 语句

任务要求

小明已经学会了使用 if 语句进行分支选择，但当需要选择的选项太多或者选择多个数据时，他总感觉用 if 语句很繁琐，此时需要用到 switch 结构。

本任务要求掌握 switch 语句的相关概念，能正确理解 switch 语句的结构并正确使用。

任务实现

C 语言虽然没有限制 if...else 能够处理的分支数量，但当分支过多时，用 if...else 处理会不太方便，而且容易出现 if...else 配对出错的情况。例如，输入一个整数，输出该整数对应的星期几的英文表示：

```
#include <stdio.h>
int main()
{
    int a;
    printf("Input integer number:");
    scanf("%d", &a);
    if(a == 1)
        printf("Monday\n");
    else if(a == 2)
        printf("Tuesday\n");
    else if(a == 3)
        printf("Wednesday\n");
    else if(a == 4)
        printf("Thursday\n");
    else if(a == 5)
        printf("Friday\n");
    else if(a == 6)
        printf("Saturday\n");
    else if(a == 7)
        printf("Sunday\n");
    else
        printf("error\n");

    return 0;
}
```

运行结果：

Input integer number:3
Wednesday

对于这种情况，实际开发中一般使用 switch 语句代替。下面便对 switch 语句进行介绍。

（一）认识 switch 语句

switch 是另外一种选择结构的语句，用来代替简单的、拥有多个分支的 if...else 语句，基本格式如下：

```
switch(表达式)
{
    case整型数值1: 语句1;
    case整型数值2: 语句2;
    ......
    case整型数值n: 语句n;
    default: 语句n+1;
}
```

它的执行过程如下。

① 首先计算 "表达式" 的值，假设为 m。

② 从第一个 case 开始，比较 "整型数值 1" 和 m，如果它们相等，就执行冒号后面的所有语句，

也就是从"语句 1"一直执行到"语句 n+1",而不管后面的 case 是否匹配成功。

③ 如果"整型数值 1"和 m 不相等,就跳过冒号后面的"语句 1",继续比较第二个 case、第三个 case……一旦发现和某个整型数值相等了,就会执行后面所有的语句。假设 m 和"整型数值 5"相等,那么就会从"语句 5"一直执行到"语句 n+1"。

④ 如果直到最后一个"整型数值 n"都没有找到相等的值,那么就执行 default 后的"语句 n+1"。

(二)使用 switch 语句

首先通过如下对星期的选择例题来初步了解 switch 语句的使用。

微课:使用 switch 语句

```c
#include <stdio.h>
int main()
{
    int a;
    printf("Input integer number:");
    scanf("%d", &a);
    switch(a)
    {
        case 1: printf("Monday\n");
        case 2: printf("Tuesday\n");
        case 3: printf("Wednesday\n");
        case 4: printf("Thursday\n");
        case 5: printf("Friday\n");
        case 6: printf("Saturday\n");
        case 7: printf("Sunday\n");
        default:printf("error\n");
    }
    return 0;
}
```

运行结果:

```
Input integer number:4
Thursday
Friday
Saturday
Sunday
error
```

输入 4,发现和第四个分支匹配成功,于是就执行第四个分支以及后面的所有分支。这显然不是我们想要的结果,我们希望只执行第四个分支,而跳过后面的其他分支。为了达到这个目标,必须要在每个分支最后添加 break;语句。

break 是 C 语言中的一个关键字,专门用于跳出 switch 或循环语句。所谓"跳出",是指一旦遇到 break,就不再执行 switch 中 break 之后的任何语句,包括当前分支中的语句和其他分支中的语句;也就是说,整个 switch 执行结束了,接着会执行整个 switch 后面的代码。

使用 break 修改上面的代码:

```c
#include <stdio.h>
int main(){
```

```
        int a;
        printf("Input integer number:");
        scanf("%d", &a);
        switch(a)
    {
            case 1: printf("Monday\n"); break;
            case 2: printf("Tuesday\n"); break;
            case 3: printf("Wednesday\n"); break;
            case 4: printf("Thursday\n"); break;
            case 5: printf("Friday\n"); break;
            case 6: printf("Saturday\n"); break;
            case 7: printf("Sunday\n"); break;
            default:printf("error\n"); break;
    }
        return 0;
}
```

运行结果：

```
Input integer number:4
Thursday
```

由于 default 是最后一个分支，匹配后不会再执行其他分支，所以也可以不添加 break 语句。

最后，需要对 switch 语句进行如下说明。

① switch 后面的表达式和 case 后面都必须是一个整数，或者是结果为整数的表达式，但不能包含任何变量。请看下面的例子：

```
case 10: printf("..."); break;       //正确
case 8+9: printf("..."); break;      //正确
case 'A': printf("..."); break;      //正确，字符和整数可以相互转换
case 'A'+19: printf("..."); break;   //正确，字符和整数可以相互转换
case 9.5: printf("..."); break;      //错误，不能为小数
case a: printf("..."); break;        //错误，不能包含变量
case a+10: printf("..."); break;     //错误，不能包含变量
```

② default 不是必须的。当没有 default 时，如果所有 case 都匹配失败，那么就什么都不执行。

课后练习

1. 设变量 x 和 y 均已正确定义并赋值，以下 if 语句中，在编译时将产生错误信息的是（　　　）。

    A．if(x++);　　　　　　　　　　　　B．if(x>y&&y!=0);

    C．if(x>y) x--　　　　　　　　　　　D．if(y<0) {;}
        else y++;　　　　　　　　　　　　　　　　else x++;

2. 以下 4 个选项中，不能看作一条语句的是（　　　）。

    A．{;}　　　　　B．a=0,b=0,c=0;　　　C．if(a>0);　　　　D．if(b==0) m=1;n=2;

3. 以下程序段中与语句 k=a>b?(b>c?1:0):0;功能等价的是（　　　）。

    A．if((a>b)&&(b>c)) k=1;　　　　　　B．if((a>b)||(b>c)) k=1

    else k=0;

 C. if(a<=b) k=0;   D. if(a>b) k=1;

    else if(b<=c) k=1;   else if(b>c) k=1;

    else k=0;

4. 下列条件语句中，功能与其他语句不同的是（ ）。

A. if(a) printf("%d\n",x)；else printf("%d\n",y)；

B. if(a==0) printf("%d\n",y)；else printf("%d\n",x)；

C. if(a!=0) printf("%d\n",x)；else printf("%d\n",y)；

D. if(a==0) printf("%d\n",x)；else printf("%d\n",y)；

5. 有以下程序：

```
main( )
{ int    a=0,b=0,c=0,d=0;
      if(a=1)    b=1; c=2;
      else      d=3;
      printf(" %d,%d,%d,%d\n" ,a,b,c,d);
}
```

程序输出（ ）。

 A. 0，1，2，0 B. 0，0，0，3 C. 1，1，2，0   D. 编译有错

6. 设有条件表达式：(EXP)?i++:j--，则以下表达式中(EXP)完全等价的是（ ）。

 A. (EXP= =0)   B. (EXP!=0)   C. (EXP= =1)   D. (EXP!=1)

7. 有如下程序：

```
main()
{      int    a = 2,b =- 1,c = 2;
     if(a<b)
        if(b<0)   c=0;
       else   c++;
      printf("%d\n",c);
}
```

该程序的输出结果是（ ）。

 A. 0   B. 1   C. 2   D. 3

8. 若执行下面程序时从键盘上输入 5：

```
 main()
 {
    int x;
    scanf("%d",&x);
    if(x++>5) printf("%d\n",x);
    else   printf("%d\n",x--);
 }
```

则输出是（ ）。

 A. 7   B. 6   C. 5   D. 4

9. 有以下程序：

```
main()
{ int i=1,j=1,k=2;
  if((j++||k++)&&i++)    printf("%d,%d,%d\n",i,j,k);
}
```

执行后输出的结果是（　　）。

  A．1,1,2   B．2,2,1   C．2,2,2   D．2,2,3

10．若有定义：float x=1.5；int a=1,b=3,c=2；则正确的 switch 语句是（　　）。

  A．switch(x)

    { case 1.0:printf(″ *\n″);

       case 2.0:printf(″ **\n″); }

  B．switch((int)x);

    { case 1:printf(″ *\n″);

       case 2:

      printf(″ **\n″);   }

  C．switch(a+b)

    { case 1: printf(″ *\n″);

       case 2+1:printf(″ **\n″); }

  D．switch(a+b)

    { case 1:printf(″ *\n″);

       case c:printf(″ **\n″);   }

11．有如下程序：

```
main()
{    int   x=1,a=0,b=0;
     switch(x){
          case 0:  b++;
          case 1:  a++;
          case 2:  a++;b++;
     }
     printf("a=%d,b=%d\n",a,b);
}
```

该程序的输出结果是（　　）。

  A．a=2，b=1   B．a=1，b=1 C．a=1，b=0   D．a=2，b=2

12．有以下程序，输出结果是（　　）。

```
main()
{int a=15,b=21,m=0;
  switch(a%3)
    {case 0:m++;break;
     case 1:m++;
     switch(b%2)
      {default:m++;
       case 0:m++;break;
      }
    }
```

```
    }
   printf("%d\n",m);
}
```

    A. 1   B. 2   C. 3   D. 4

13. 下列叙述中正确的是（   ）。

    A. beak 语句只能用于 switch

    B. 在 switch 语句中必须使用 default

    C. break 语句必须与 switch 语句中的 case 配对使用

    D. 在 switch 语句中，不一定使用 break 语句

查看答案与解析 5

14. 在嵌套使用 if 语句时，C 语言规定 else 总是（   ）。

    A. 和之前与其具有相同缩进位置的 if 配对

    B. 和之前与其最近的 if 配对

    C. 和之前与其最近的且不带 else 的 if 配对

    D. 和之前的第一个 if 配对

15. 有定义语句：int a=1, b=2, c=3, x;，则以下选项中各程序段执行后，x 的值不为 3 的是（   ）。

    A. if (c<a) x=1;   B. if (a<3) x=3;

        else if (b<a) x=2;   else if (a<2) x=2;

        else x=3;   else x=1;

    C. if (a<3) x=3;   D. if (a<b) x=b;

        if (a<2) x=2;   if (b<c) x=c;

        if (a<1) x=1;   if (c<a) x=a;

项目六

设计循环结构程序

从程序流程的角度来看，程序可以分为三种基本结构，即顺序结构、选择结构（分支结构）、循环结构，它们可以组成所有的各种复杂程序。C语言提供了多种语句来实现这些程序结构。本章主要介绍循环结构，包括 while 语句、do-while 语句以及 for 语句，使读者对 C 程序有更进一步的认识。

➜ 课堂学习目标

- 使用 while 语句
- 使用 do-while 语句
- 使用 for 语句

任务一 使用 while 语句

任务要求

经过前面几个项目的学习，小明已经能比较熟练地使用 C 语言基本类型的数据，设计基本结构以及分支选择结构的简单程序。但如果需要对数据进行循环处理怎么办呢？比如对 1~100 这 100 个数字进行加法运算，如果将这些数据进行直接书写计算是不现实的。在 C 语言中，有种方法可解决上述问题，即循环结构。

本任务要求掌握循环结构的相关概念，能正确地使用 while 语句。

任务实现

（一）认识 while 语句

while 循环的一般形式为：

```
while(表达式)
{
        语句块
}
```

其中表达式称为循环条件，语句块称为循环体。

说明

1）while 是 C 语言的关键字，while 后一对圆括号中的表达式可以是 C 语言中任意合法的表达式，由它来控制循环体是否执行。

2）在语法上，要求循环体可以是一条简单可执行语句；若循环体内需要多个语句，应该用大括号括起来，组成复合语句。

while 语句的意思是：先计算"表达式"的值，当值为真（非 0）时，执行"语句块"；执行完"语句块"，再次计算表达式的值，如果为真，继续执行"语句块"……这个过程会一直重复，直到表达式的值为假（0），就退出循环，执行 while 后面的代码。其执行过程如图 6-1 所示。

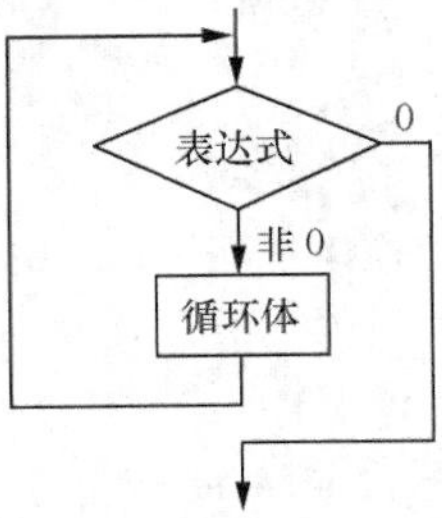

通常将"表达式"称为循环条件，把"语句块"称为循环体，整个循环的过程就是不停判断循环条件，并执行循环体代码的过程。

图 6-1 while 语句执行流程

（二）使用 while 语句

首先通过用 while 循环计算 1 加到 100 的值的例子来说明 while 语句的使用方法：

```c
#include <stdio.h>
int main()
{
        int i = 1, sum = 0;
```

75

```
    while(i <= 100)
    {
        sum += i;
        i++;
    }
    printf("%d\n",sum);
    return 0;
}
```

运行结果：

5050

代码分析：

1）程序运行到 while 时，因为 i=1，i<=100 成立，所以会执行循环体；执行结束后 i 的值变为 2，sum 的值变为 1。

2）接下来会继续判断 i<=100 是否成立，因为此时 i=2，i<=100 成立，所以继续执行循环体；执行结束后 i 的值变为 3，sum 的值变为 3。

3）重复执行步骤 2）。

4）当循环进行到第 100 次，i 的值变为 101，sum 的值变为 5050；因为此时 i<=100 不再成立，所以就退出循环，不再执行循环体，转而执行 while 循环后面的代码。

while 循环的整体思路是这样的：设置一个带有变量的循环条件，即一个带有变量的表达式；在循环体中额外添加一条语句，让它能够改变循环条件中变量的值。这样，随着循环的不断执行，循环条件中变量的值也会不断变化，终有一个时刻，循环条件不再成立，整个循环就结束了。

如果循环条件中不包含变量，会发生什么情况呢？

1）如果循环条件成立，while 循环会一直执行下去，永不结束，成为"死循环"。例如：

```
#include <stdio.h>
int main()
{
    while(1)
    {
        printf("1");
    }
    return 0;
}
```

运行程序，会不停地输出"1"，直到用户强制关闭。

2）如果循环条件不成立，while 循环就一次也不会执行。例如：

```
#include <stdio.h>
int main()
{
    while(0)
    {
        printf("1");
    }
    return 0;
}
```

运行程序，什么也不会输出。

再看一个例子，统计从键盘输入的一行字符的个数：

```
#include <stdio.h>
int main()
{
    int n=0;
    printf("Input a string:");
    while(getchar() != '\n')
        n++;
    printf("Number of characters: %d\n", n);
    return 0;
}
```

运行结果：

```
Input a string:www.sohu.com
Number of characters: 12
```

本例程序中的循环条件为 getchar()!='\n'，其意义是，只要从键盘输入的字符不是回车就继续循环。循环体 n++;完成对输入字符个数的计数。

任务二　使用 do-while 语句

🔍 任务要求

小明已经学会了 while 语句的使用，那么还有什么其他语句可完成循环呢？do-while 语句。
本任务要求掌握 do-while 语句的相关概念，能正确使用 do-while 语句。

🔍 任务实现

（一）认识 do-while 语句

除了 while 循环，在 C 语言中还有一种 do-while 循环。
do-while 循环的一般形式为：

```
do
{
    语句块
}while(表达式);
```

说明

1）do 是 C 语言的关键字，必须和 while 联合使用。

2）do-while 循环由 do 开始，用 while 结束；必须注意，在 while(表达式)后的";"不可丢，它表示 do-while 语句的结束。

3）while 后一对圆括号中的表达式可以是 C 语言中任意合法的表达式，由它控制循环是否执行。

4）按语法，在 do 和 while 之间的循环体只能是一条可执行语句；若循环体内需要多个语句，应该用大括号括起来，组成复合语句。

do-while 循环与 while 循环的不同在于：它会先执行"语句块"，然后再判断表达式是否为真，如果为真（非 0），则继续循环；如果为假（0），则终止循环。因此，do-while 循环至少要执行一次"语句块"。其执行过程如图 6-2 所示。

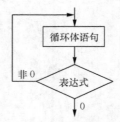

图 6-2　do-while 语句执行流程

（二）使用 do-while 语句

再次使用 do-while 语句完成 1~100 的加法运算：

```c
#include <stdio.h>
int main()
{
    int i = 1, sum = 0;
    do
    {
        sum += i;
        i++;
    }while(i<=100);
    printf("%d\n", sum);
    return 0;
}
```

运行结果：

```
5050
```

再例如，求解两数的最小公倍数：

```c
#include "stdio.h"
int main()
{
    int r, a, b, lcm;
    scanf("%d %d", &a, &b);
    lcm = a * b;
    do
    {
        r = a % b;
        a = b;
        b = r;
    }while(r);
    printf("最小公倍数为%d", lcm / a);
    return 0;
}
```

通过屏幕输入两个整数来完成最小公倍数的计算。

while 循环和 do-while 各有特点，可以适当选择，在实际编程中 while 循环使用较多。

任务三　使用 for 语句

任务要求

小明已经学会了 while 语句以及 do-while 语句的使用，那么还有什么其他语句可完成循环呢？for 语句。本任务要求掌握 for 语句的相关概念，能正确使用 for 语句，并且掌握 break、continue 的使用。

任务实现

（一）认识 for 语句

for 循环的一般形式：

for(表达式1; 表达式2; 表达式3)

循环体;

说明

　1）for 是 C 语言的关键字。

　2）其后的一对圆括号中通常含有三个表达式，各表达式之间用 ";" 隔开。这三个表达式可以是任意形式的表达式，通常主要用于 for 循环的控制。

　3）紧跟在 for(...) 之后的循环体，在语法上要求是一条语句；若在循环体内需要多条语句，应该用大括号括起来组成复合语句。

for 循环的执行过程如图 6-3 所示。

它的执行过程如下。

1）先求解表达式 1。

2）求解表达式 2，若其值为真（非 0），则执行 for 语句中指定的内嵌语句，然后执行下面第 3）步；若其值为假（0），则结束循环，转到第 5）步。

3）求解表达式 3。

4）转回上面第 2）步继续执行。

5）循环结束，执行 for 语句下面的一个语句。

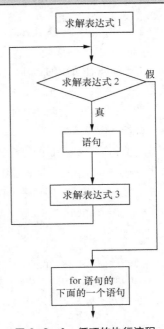

图 6-3　for 循环的执行流程

注意　for 语句中的表达式可以部分或全部省略，如果其中的表达式 2 省略，缺省值为 1。但两个 ";" 作为分隔符不可省略。若三个表达式均省略，因缺少条件判断，循环将会无限制地执行，形成死循环。

for 后一对括号中的表达式可以是任意有效的 C 语言表达式。在 for 后的一对圆括号中，允许出现各种形式的与循环控制无关的表达式。

（二）使用 for 语句

微课：使用 for
语句

之前使用 while 语句和 do-while 语句均进行过 1 ~ 100 的求和运算，通过下面的例子，看一下通过 for 语句如何完成此功能：

```
#include "stdio.h"
void main()
{
        int s, i;
        for(s = 0, i = 1; i <= 100; i++)
                s = s + i;
        printf("i=%d,s=%d\n", i, s);
}
```

还可通过如下形式完成对 1 ~ 100 的求和运算：

```
#include "stdio.h"
void main()
{
        int s = 0, i = 1;
        for(; i <= 100; s = s + i++) ;/*s=0+1+2+3+4+...+100,i=101*/
        printf("i=%d,s=%d\n",i,s);
}
```

对于有规律可循的序列，for 语句可以很好地完成其计算，例如求解 Fibonacci 数列，其数字规律为：1，1，2，3，5，8，13，21，34，……

特点：每项是前两项之和。

分析：假设某两项为 a，b，则第三项为 a+b，此时变量 a 中的值可以不保存，因为第四项只要第二项 b 的值和第三项 a+b 的值，所以第三项的值可以用变量 a 来保存，a=a+b。此时，第一项已被第三项取代，第四项即为第二项 b 加第三项的 a，第二项 b 的值不用保存，因此可用 b 保存第四项内容，即 b=b+a。到此，第三、四项分别保存在 a、b。因此，每一次循环都要执行的语句是：a=a+b；和 b=b+a；

```
#include "stdio.h"
int main()
{
    long a = 1, b = 1, n, i = 2;
    scanf("%d", &n);      //指定输出的个数
    printf("%10d%10d", a, b);
    for(; i < n; i = i + 2)
    {
```

```
        a = a + b;
        b = b + a;
        if(i%4 == 0)
            printf("\n");
        printf("%10ld%10ld",a,b);
    }
}
```

运行后输入：40，则输出结果：

1	1	2	3
5	8	13	21
34	55	89	144
233	377	610	987
1597	2584	4181	6765
10946	17711	28657	46368
75025	121393	196418	317811
514229	832040	1346269	2178309
3524578	5702887	9227465	14930352
24157817	39088169	63245986	102334155

（三）比较各种循环语句

概括起来，C 语言有四种循环：goto 语句构成的循环、while 循环、do-while 循环和 for 循环，其中的 goto 形式不作介绍。

四种循环的比较如下。

1）四种循环都可以用来处理同一个问题，一般可以互相代替。但一般不提倡用 goto 型循环，也极力建议不要使用 goto 语句，尽量使用其他语句代替。

2）while 和 do-while 循环，循环体中应包括使循环趋于结束的语句。

3）for 语句功能最强，也最常用。

4）用 while 和 do-while 循环时，循环变量初始化的操作应在 while 和 do-while 语句之前完成，而 for 语句可以在表达式 1 中实现循环变量的初始化。

对于同一个问题，往往既可以用 while 语句解决，也可以用 do-while 或者 for 语句来解决，但在实际应用中，应根据具体情况来选用不同的循环语句。选用的一般原则如下。

（1）如果循环次数在执行循环体之前就已确定，一般用 for 语句。如果循环次数是由循环体的执行情况确定的，一般用 while 语句或者 do-while 语句。

（2）当循环体至少执行一次时，用 do-while 语句；反之，如果循环体可能一次也不执行，则选用 while 语句。

三种循环语句 for、while、do-while 可以互相嵌套自由组合。但要注意的是，各循环必须完整，相互之间绝不允许交叉。

（四）使用嵌套的循环语句

一个循环体语句中又包含另一个循环语句，称为循环嵌套。

嵌套注意事项如下。

1）使用循环嵌套时，内层循环和外层循环的循环控制变量不能相同。

2）循环嵌套结构的书写最好采用"右缩进"格式，以体现循环层次的关系。

3）尽量避免太多和太深的循环嵌套结构。

用途：

循环嵌套可以帮助我们解决很多问题，在 C 语言中经常被用于按行列方式输出数据，例如，输出一个九九乘法表：

```c
#include <stdio.h>
#define    ROWS    9
int main()
{
    int i, j;
    for ( i = 1; i <= ROWS; ++i)    // 外循环控制输出行数
    {
        for ( j = 1; j <= i; ++j)   // 内循环控制输出列数
        {
            printf("%d*%d=%d ", i, j, i * j);    // 输出乘积
        }
        printf("\n");                   // 换行
    }
    return 0;
}
```

程序说明：

本例中的外循环共循环 9 次（即一共输出 9 行），当 i 等于 10 时循环终止。外循环的每轮循环都会执行内循环，在外循环的每轮循环中，内循环的循环次数都不相同。因为外循环的每轮循环都会使 i 增 1，而且 j 的值也会被重新赋值为 1，而内循环的结束条件是 j <= i，且内循环的每轮循环中 j 只增加 1，所以外循环每循环一次，内循环的循环次数就增加一次：在外循环的第一轮循环，内循环的循环次数为 1；在外循环的第二轮循环，内循环的循环次数为 2；在外循环的第三轮循环，内循环的循环次数为 3……以此类推。下面是部分模拟本例的运行过程。

1. 外循环第一轮循环

i 的值为 1（以下简写为 i = 1），故而 i <= ROWS 成立，进入循环体：

    1）内循环的第一轮循环：

        j = 1，故而 j <= i 成立，进入循环体：

            输出 i * j（即 1 * 1）的乘积和一个空格，即 1*1=1。

        ++j --> j = 2，j <= i 不成立，内循环结束。

    输出换行

++i --> i = 2，故而 i <= ROWS 成立，开始第二轮循环。

2. 外循环第二轮循环

    1）内循环的第一轮循环：

        j = 1，j <= i 成立，进入循环体：

            输出 i * j（2 * 1）和一个空格，即 2。

++j --> j = 2，j <= i仍然成立，开始第二轮循环。

　2)内循环的第二轮循环：

　　　　输出i * j（2 * 2）和一个空格，即4。

　　　++j --> j = 3，j <= i不成立，内循环结束。

　输出换行。

++i --> i = 3，i <= ROWS成立，开始第三轮循环。

至此，输出结果为：

1*1=1

2*1=1 2*2=4

外循环第三轮循环至第九轮循环从略，请自行模拟一次。

3. 外循环第九轮循环

　/* ... ... */

++i --> i = 10，i <= ROWS不成立，外循环结束。

最终的输出结果为：

1*1=1

2*1=2 2*2=4

3*1=3 3*2=6 3*3=9

4*1=4 4*2=8 4*3=12 4*4=16

5*1=5 5*2=10 5*3=15 5*4=20 5*5=25

6*1=6 6*2=12 6*3=18 6*4=24 6*5=30 6*6=36

7*1=7 7*2=14 7*3=21 7*4=28 7*5=35 7*6=42 7*7=49

8*1=8 8*2=16 8*3=24 8*4=32 8*5=40 8*6=48 8*7=56 8*8=64

9*1=9 9*2=18 9*3=27 9*4=36 9*5=45 9*6=54 9*7=63 9*8=72 9*9=81

（五）使用 break

用 break 语句可以使流程跳出 switch 语句体。在循环结构中，也可应用 break 语句使流程跳出本层循环体，从而提前结束本层循环。

注意　1）只能在循环体内和 switch 语句体内使用 break 语句。

2）当 break 出现在循环体中的 switch 语句体内时，其作用只是跳出该 switch 语句体。当 break 出现在循环体中，但并不在 switch 语句体内时，则在执行 break 后，跳出本层循环体。

之前在讲解 switch 语句时已经接触过 break，此处通过 break 结合循环语句求解实例来更进一步了解其用法。

该实例完成的功能是：计算半径从 1 到 20 时圆的面积，直到面积大于 200 为止。

```c
#include<stdio.h>
#define PI 3.14159265
int main()
{
    int r;
    float s;
    for(r = 1;r <= 20; r++)
```

```
        {
            s = PI * r * r;
            if(s > 200)
                break;
            printf("r=%d,s=%.2f\n", r, s);
        }
        return 0;
    }
```

程序进行循环，将 PI*r*r 的计算结果送给 s，之后对 s 进行判断，若其大于 200，执行 break，程序跳出循环（并非跳出 if 语句）。

微课：break 和 continue 的使用

（六）使用 continue

continue 的作用是结束本次循环，即跳过本次循环体中余下尚未执行的语句，接着再一次进行循环的条件判定。

注意

1）执行 continue 语句并没有使整个循环终止。

2）在 while 和 do-while 循环中，continue 语句使得流程直接跳到循环控制条件的测试部分，然后决定循环是否继续进行。在 for 循环中，遇到 continue 后，跳过循环体中余下的语句，进行 for 语句中的"表达式 3"求值，然后进行"表达式 2"的条件测试，最后根据"表达式 2"的值来决定 for 循环是否执行。在循环体内，不论 continue 是作为何种语句中的语句成分，都将按上述功能执行，这点与 break 有所不同。

下边通过输出 50 到 150 之间不能被 5 整除的整数这个实例，来对 continue 进行了解：

```
#include<stdio.h>
int main()
{
    int i;
    for(i = 51; i <= 150; i++)
    {
        if(i % 5 == 0)
        {
            printf("\n");    //使输出的显示每五个数换一行
            continue;
        }
        printf("%5d",i);
    }
    printf("\n");
}
```

程序进行循环，每当 i 的值可将 5 进行整除时，进入 if 语句的执行体，执行换行以及 continue，之后不向下继续执行程序，而是跳到下一次的循环。

← 课后练习

1. 在以下给出的表达式中，与 while(E)中的（E）不等价的表达式是（   ）。

    A.（！E==0）   B.（E>0||E<0）   C.（E==0）   D.（E!=0）

2. 有以下程序：

```
main( )
{    int   y=10;
     while(y--); printf("y=%d\n",y);
}
```

程序执行后的输出结果是（   ）。

    A. y=0   B. y=-1

    C. y=1   D. while 构成无限循环

3. 有以下程序：

```
main( )
{    int k=5;
     while(--k)   printf("%d",k-=3);
     printf("\n");
}
```

执行后的输出结果是（   ）。

    A. 1   B. 2   C. 4   D. 死循环

4. 有以下程序：

```
main()
{ int x=0,y=5,z=3;
  while(z-->0&&++x<5) y=y-1;
  printf("%d,%d,%d\n",x,y,z);
}
```

程序执行后的输出结果是（   ）。

    A. 3，2，0   B. 3，2，-1   C. 4，3，-1   D. 5，-2，-5

5. 有如下程序：

```
main()
{    int   n = 9;
  while(n>6)
  {    n--;
       printf("%d",n);
  }
}
```

该程序的输出结果是（   ）。

    A. 987   B. 876   C. 8765   D. 9876

6. t 为 int 类型，进入下面的循环之前，t 的值为 0，

```
while(t=1)   {  ……}
```

则以下叙述中正确的是（　　）。

    A．循环控制表达式的值为 0　　　　　B．循环控制表达式的值为 1

    C．循环控制表达式不合法　　　　　D．以上说法都不对

7．有以下程序段：

```
int n,t=1,s=0;
scanf("%d",&n);
do{ s=s+t; t=t-2; }while (t!=n);
```

为使此程序段不陷入死循环，从键盘输入的数据应该是（　　）。

    A．任意正奇数　　　　B．任意负偶数　　　　C．任意正偶数　　　　D．任意负奇数

8．若变量已正确定义，有以下程序段：

```
i=0;
do {printf("%d,",i);}while(i++);
printf("%d\n",i)
```

其输出结果是（　　）。

    A．0，0　　　　　　B．0，1　　　　　　C．1，1　　　　　　D．程序进入无限循环

9．有以下程序：

```
main()
{ int s=0,a=1,n;
  scanf("%d",&n);
  do
    {s+=1; a=a-2;}
  while(a!=n);
  printf("%d\n",s);
}
```

若要使程序的输出值为 2，则应该从键盘给 n 输入的值是（　　）。

    A．-1　　　　　　B．-3　　　　　　C．-5　　　　　　D．0

10．下面的程序：

```
main()
{   int x=3;
    do{
        printf("%d\n",x-=2);
    }while(!(--x) );
}
```

程序输出结果是（　　）。

    A．输出的是 1　　　　　　　　　　B．输出的是 1 和-2

    C．输出的是 3 和 0　　　　　　　　D．是死循环

11．有以下程序：

```
main()
{ int k=5,n=0;
  while(k>0)
  { switch(k)
    { default : break;
```

```
            case 1 : n+=k;
            case 2 :
            case 3 : n+=k;
          }
          k--;
        }
      printf("%d\n",n);
    }
```

程序运行后的输出结果是（　　）。

    A．0　　　　　　　　B．4　　　　　　　C．6　　　　　　　　D．7

12．有以下程序段：

```
int n=0,p;
do {scanf("%d",&p);n++;}   while(p!=12345&&n<3);
```

此处 do-while 循环的结束条件是（　　）。

    A．p 的值不等于 12345，并且 n 的值小于 3

    B．p 的值等于 12345，并且 n 的值大于等于 3

    C．p 的值不等于 12345，或者 n 的值小于 3

    D．p 的值等于 12345，或者 n 的值大于等于 3

13．有以下程序：

```
main( )
{    char k; int i;
     for(i=1;i<3;i++)
     {    scanf("%c",&k);
     switch(k)
     { case'0': printf("another\n");
     case'1': printf("number\n");
     }
}   }
```

程序运行时，从键盘输入：01<回车>，程序执行后的输出结果是（　　）。

  A．another　　　B．another　　　C．another　　　　D．number

    number　　　　　number　　　　　number　　　　　number

                another　　　　　number

14．有以下程序：

```
main( )
{ int i,s=0;
for(i=1;i<10;i+=2) s+=i+1;
printf("%d\n",s);
}
```

程序执行后的输出结果是（　　）。

    A．自然数 1～9 的累加和　　　　　　B．自然数 1～10 的累加和

    C．自然数 1～9 中的奇数之和　　　　D．自然数 1～10 中的偶数之和

15．若变量已正确定义，要求程序段完成求 5!的计算，不能完成此操作的程序段是（　　）。

A. for(i=1,p=1;i<=5;i++) p*=i;

B. for(i=1;i<=5;i++){ p=1; p*=i;}

C. i=1;p=1;while(i<=5){p*=i; i++;}

D. i=1;p=1;do{p*=i; i++; }while(i<=5);

16. 有以下程序：

```
main( )
{    int  i;
     for(i=1;i<=40;i++)
     {     if(i++%5==0)
           if(++i%8==0)   printf("%d",i);
     }
     printf("\n");
}
```

执行后输出结果是（   ）。

A. 5   B. 24   C. 32   D. 40

17. 若有如下程序段，其中 s、a、b、c 均已定义为整型变量，且 a、c 均已赋值（c 大于 0）。

```
s=a;
for(b=1;b<=c;b++) s=s+1;
```

则与上述程序段功能等价的赋值语句是（   ）。

A. s=a+b;   B. s=a+c;   C. s=s+c;   D. s=b+c;

18. 有以下程序：

```
main()
{ int i;
  for(i=0;i<3;i++)
    switch(i)
    {
      case 0:printf("%d",i);
      case 2:printf("%d",i);
      default:printf("%d",i);
    }
}
```

程序运行后的输出结果是（   ）。

A. 022111   B. 021021   C. 000122   D. 012

19. 有以下面程序：

```
main()
{ int y=9;
  for(;y>0;y--){
    if(y%3==0)
    {   printf("%d",--y);
        continue;
    }
  }
}
```

程序运行后的输出结果是（　　）。

    A．741   B．852   C．963   D．875421

20．以下叙述中正确的是（　　）。

    A．break 语句只能用于 switch 语句体中

    B．continue 语句的作用是：使程序的执行流程跳出包含它的所有循环

    C．break 语句只能用在循环体内和 switch 语句体内

    D．在循环体内使用 break 语句和 continue 语句的作用相同

21．有以下程序：

```c
main()
{ int i=0,s=0;
  for (;;)
  {
      if(i==3||i==5) continue;
      if (i==6) break;
      i++;
      s+=i;
  };
  printf("%d\n",s);
}
```

程序运行后的输出结果是（　　）。

    A．10   B．13   C．21   D．程序进入死循环

22．有以下程序：

```c
main()
{ int a=1,b;
  for(b=1;b<=10;b++)
  { if(a>=8) break;
  if(a%2==1){a+=5;continue;}
  a-=3;
  }
  printf("%d\n",b);
}
```

程序运行后的输出结果是（　　）。

    A．3   B．4   C．5   D．6

查看答案与解析6

项目七
使用数组

前面各项目所使用的数据都属于基本数据类型（整型、实型、字符型），其特点是一个数据对应一个变量，各变量之间相互独立。C 语言中还可以自己定义构造类型，将数据按照特定的规则进行组合，使数据之间有特定的关联，如本项目中的数组。本项目将通过 2 个任务介绍 C 语言中一维数组和二维数组的相关知识及操作技能，为后面项目的学习奠定基础。

➔ 课堂学习目标

■ 使用一维数组
■ 使用二维数组

任务一　使用一维数组

任务要求

经过前面几个项目的学习，小明已经能比较熟练地使用 C 语言基本类型的数据，设计基本结构的简单程序。但如果某种数据数量很多怎么办呢？比如全班同学在本门课程考试后有 45 个成绩，如果按照变量的使用方式，这显然很不方便：一是定义 45 个变量很麻烦，二是进行相关运算时逐一计算很麻烦。在 C 语言中，有没有哪种数据能将批量、同类型的数据组织起来以体现它们的内在联系呢？有，这就是数组。

本任务要求掌握一维数组的相关概念，能正确定义一维数组、初始化一维数组、引用一维数组元素、遍历一维数组，能熟练地应用一维数组各种操作。

相关知识

数组的几个概念

1. 构造类型

C 语言除了提供基本数据类型外，还提供了构造类型的数据，它们是数组类型、结构体类型、共同体类型等。

构造数据类型是由具有特定内在联系的数据按照一定的规则组合而成的，所以也称为"导出类型"。在编程应用中，构造数据类型是根据已定义的一个或多个数据类型用构造的方法来定义的。也就是说，一个构造类型的值可以分解成若干个"成员"或"元素"，每个"成员"或"元素"都是一个基本数据类型或又是一个构造类型。

2. 数组

数组是一组有序且具有相同数据类型的数据的集合，用数组名进行标识，它是一种构造类型。

在程序设计中，为了处理方便，把具有相同类型的若干变量按有序的形式组织起来。一方面，这些变量具有相同的特征，比如都是某门课程的成绩，用数组名进行统一标识，省去了大量变量命名的烦恼；另一方面，形成有序集合后，可以使用循环语句进行遍历，极大地方便了操作。

一个数组可以分解为多个数组元素，这些数组元素可以是基本数据类型或是构造类型。因此，按数组元素的类型不同，数组又可分为数值数组、字符数组、指针数组、结构数组等各种类别。

3. 数组元素

数组元素是构成数组的数据。这些数组元素可以是基本数据类型，也可以是构造类型，但同一数组中的每一个数组元素必须具有相同的数据类型，它们共用一个数组名，但有不同的下标，一个元素由数组名和下标共同确定。每一个数组元素在程序设计使用中与单个同类型变量等同使用。

4. 数组元素的下标

数组元素的下标是数组元素的位置的一个索引或指示，它与数组名共同确定数组中特定的某个元素。C 语言中的元素下标从 0 开始计数。

5. 数组的维度

数组的维度即数组元素下标的个数。根据数组的维数可以将数组分为一维、二维、三维、多维数组。

一般而言，一维数组可以理解为一行（或一列），用一个下标（索引值）就能确定特定元素。比如全班同学的某门课程成绩可以组成一个一维数组，下标为 10 的元素可以对应成学号为 10 的同学的成绩。

二维数组可以理解成一张表格，用两个下标（一个行标，一个列标）才能确定特定元素。比如全班同学 5 门课程的成绩就组成一个二维数组，行标为 3、列标为 2 的元素可以对应成学号为 3 的同学的第 2 门课程的成绩。

三维及三维以上的数组称为多维数组，其概念和用法都可以从一维数组和二维数组中推广开来，在掌握一维数组和二维数组的概念和操作技能后很容易就能举一反三。

任务实现

（一）定义一维数组

数组是一组有序数据的集合，数组中每一个元素的类型相同。用数组名和下标来唯一确定数组中的元素。如"任务要求"中所提的全班同学"C 语言程序设计"课程的成绩就可以使用一维数组进行存储，它的某个元素就可以表示某个同学的成绩。

和前面已经熟知的变量一样，数组也要先定义后使用。数组定义就是要准确告诉编译器两件事情：这个数组是由什么类型的数据构成的，这种数据有多少个。

一维数组的定义方式为：

```
类型说明符  数组名[常量表达式];
```

其中，类型说明符是任一种基本数据类型或构造数据类型，数组名是用户定义的数组标识符。方括号中的常量表达式表示数据元素的个数，也称为数组的长度。例如：

```
int a[10];   /*  说明整型数组a, 有10个元素  */
float b[10], c[20];   /*  说明实型数组b, 有10个元素, 实型数组c, 有20个元素  */
char ch[20];   /*  说明字符数组ch, 有20个元素  */
```

关于数组定义有几点说明。

1）数组的类型实际上是指数组元素的取值类型。对于同一个数组，其所有元素的数据类型都是相同的。

微课：定义和初
始化一维数组

2）数组名的命名规则应符合标识符的命名规定，一般而言采用具有表意意义的英文单词或缩写进行命名。如要定义存储全班某课程成绩的数组，如下：

```
int   score[45];
```

3）数组名不能与其他标识符相同。例如以下定义是错误的：

```
int   a;
float a[10];
```

4）方括号中常量表达式表示数组元素的个数，如 a[5]表示数组 a 有 5 个元素，但是其下标从 0 开始计算，因此也确定了数组元素下标的范围，下标从 0 开始~整型常量表达式−1。因此，5 个元素分别为 a[0]、a[1]、a[2]、a[3]、a[4]，不存在 a[5]元素。而在编程应用中 C 语言不检查数组下标越界，但是使用时，一般不能越界使用，否则结果难以预料。

5）不能在方括号中用变量来表示元素的个数，但是可以是符号常数或常量表达式。例如以下定义都是正确的：

```
#define LEN   5
// ...
int a[3 + 2], b[7 + LEN];
```

但以下的定义就是错误的：

```
int n = 5;
int a[n];
```

6）允许在同一个类型说明中，说明多个数组和多个变量。例如：

```
int   a, b, c, arr1[10], arr2[20];
```

经过定义"int a[10];"之后，就在内存中划分了一片连续的存储空间（见图 7-1），存放了 a 数组的 10 个元素，各元素依次连续存放。

a 数组

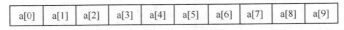

图 7-1　连续的存储空间

在 Visual C++6.0 环境下，这片存储空间大小为 10 * 4B = 40B，更准确的计算公式如下：

内存字节数　= 数组长度 * sizeof（数组元素类型）

可以看到，使用"int a[10];"就相当于定义了 10 个 int 型变量，显然用数组的形式要简洁得多。

数组元素是组成数组的基本单元。数组元素也是一种变量，其标识方法为数组名后跟一个下标。下标表示了元素在数组中的顺序号，是从 0 开始~数组长度-1 之间的连续数字（注意不要越界，C 语言没有越界检查），因此在编程实践中，一般通过对下标进行循环从而达到遍历数组的目的。数组元素的一般形式为：

数组名[下标]

其中，下标只能为整型表达式。如为小数时，C 编译将自动取整。例如：

```
a[5]
a[i+j]
a[i++]
```

都是合法的数组元素。

数组元素通常也称为下标变量。必须先定义数组，才能使用下标变量。在 C 语言中只能逐个地使用下标变量，而不能一次引用整个数组。例如，给数组元素赋值必须使用循环语句逐个赋值给各元素：

```
for(i = 0; i < 10; i++)
    a[i] = i;;
```

（二）输入输出一维数组

在已有 int a[10]; 的定义基础上，又结合循环语句，就能很方便地对数组完成输入输出操作。

如在给数组赋值的基础上顺序输出：

```
#include <stdio.h>
void main()
{
    int i, a[10];
```

```
        for(i = 0;i < 10; i++)
            a[i] = i;
        for(i = 0;i < 10; i++)
            printf("%d ", a[i]);
    }
```

将上例中的输出循环改成如下样子：

```
for(i = 9; i >= 0; i--)
    printf("%d ", a[i]);
```

就将数组进行逆序输出了。

再改进一下：

```
#include <stdio.h>
void main()
{
    int i, a[10];
    for(i = 0; i < 10; i++)
        scanf("%d", &a[i]);
    for(i = 0; i < 10; i++)
        printf("%d ",a[i]);
}
```

加入了输入语句，就可以动态地从键盘输入数组元素的值。

（三）初始化一维数组

给数组赋值的方法除了用赋值语句对数组元素逐个赋值外，还可采用初始化赋值的方法。

数组初始化赋值是指在数组定义时给数组元素赋予初值，数组初始化是在编译阶段进行的。这样将减少运行时间，提高效率。而赋值是使用赋值语句，在程序运行时把值赋给数组元素。

初始化的一般形式：

数据类型　数组名[常量表达式] = {初值表}

其中，在{ }中的初值表即为各元素的初值，各值之间用逗号间隔。例如：

```
int a[10]={ 0,1,2,3,4,5,6,7,8,9 };
```

相当于 a[0] = 0; a[1] = 1;　...　a[9] = 9;

关于初始化的几点说明如下。

1）可以只给部分元素赋初值。当{ }中值的个数少于元素个数时，给前面部分元素赋值，后面自动赋值 0。例如：

```
int a[10] = {0, 1, 2, 3, 4};
```

表示给 a[0]～a[4]5 个元素依次赋值 0，1，2，3，4，而后 5 个元素自动赋 0 值。因此可以采用下面的方式将一个数组的元素初值全部设置为 0：

```
int a[100] = {0};
```

2）初始元素个数不能超过定义的数组元素长度。例如：

```
int a[5] = {1, 2, 3, 4, 5, 6}
```

这种写法是错误的。

3）只能给元素逐个赋值，不能给数组整体赋值。例如给 10 个元素全部赋 1 值，只能写为：

```
int a[10]={1,1,1,1,1,1,1,1,1,1};
```

而不能写为：

```
int a[10]=1;
```

4）如给全部元素赋值，则在数组定义中，可以不给出数组元素的个数。例如：

```
int a[5]={1,2,3,4,5};
```

可写为：

```
int a[]={1,2,3,4,5};
```

（四）遍历一维数组

编程要求：从全班同学的某课程成绩中找出最高成绩。

算法思考：求最值问题是一个很常见的算法问题，一般我们称之为"打擂台"算法，即遍历所有数组元素，将每个元素和预设的最值进行比较，如果当前值为更合适的最值，替换之。算法步骤如下：

1. 定义 score 数组

2. 输入：for 循环输入成绩

3. 处理：

（a）先令 max = score [0]

（b）依次用 score[i]和 max 比较（循环）

若 score[i] > max，令 max = score[i]

4. 输出：max

微课：遍历一维
数组

代码如下：

```
#include <stdio.h>
#define SIZE 45        //指定班级人数
void main()
{
int score[SIZE], i, max;
 printf("输入%d个成绩值:\n", SIZE);
 for(i = 0; i < SIZE; i++)
 {
         printf("%d:", i + 1);
         scanf("%d", &score[i]);
 }
 max = score[0];
 for(i = 1; i < SIZE; i++)
 {
         if(score[i] > max)
                 max = score[i];
 }
 printf("最高成绩 = %d\n", max);
}
```

本例程序中第一个 for 语句逐个输入 SIZE 个数到数组 score 中。然后把 score [0]送入 max 中。在第二个 for 语句中，从 score [1]到 score [9]逐个与 max 中的内容比较，若比 max 的值大，则把该下标变量送入 max 中，因此 max 总是在已比较过的下标变量中为最大者。比较结束，输出 max 的值。

任务二　使用二维数组

任务要求

小明已经学会了使用一维数组存放全班同学一门课程的成绩,但在期末考试时通常有 5 门课程需要考试,那这种情况又该如何存储这些数据呢?

本任务要求掌握二维数组的相关概念，能正确定义二维数组、初始化二维数组、引用二维数组元素、遍历二维数组，能熟练地应用二维数组各种操作。

任务实现

（一）定义二维数组

"任务要求"中所提的全班同学的 5 门课程的成绩可以使用二维数组进行存储，它的某个元素就可以表示某个同学的某门课程的成绩。

二维数组也要先定义后使用。二维数组定义就是要准确告诉编译器两件事情：这个二维数组是由什么类型的数据构成的，这个二维数组有几行几列。

二维数组的定义方式为：

类型说明符　数组名[常量表达式1] [常量表达式2];

其中，类型说明符是任一种基本数据类型或构造数据类型，数组名是用户定义的数组标识符。第一组方括号中的常量表达式 1 表示二维数组的行数，第二组方括号中的常量表达式 2 表示二维数组的列数。关于类型说明符、数组名、常量表达式的具体要求和一维数组中是一样的，不再赘述。

微课：定义和初始化二维数组

例如：

int　a[3][4];

定义了一个 3 行 4 列的数组，共有 3×4=12 个元素，数组名为 a，即：

a[0][0]	a[0][1]	a[0][2]	a[0][3]
a[1][0]	a[1][1]	a[1][2]	a[1][3]
a[2][0]	a[2][1]	a[2][2]	a[2][3]

在二维数组中，要定位一个元素，必须给出行下标和列下标，就像在一个平面中确定一个点，要知道 x 坐标和 y 坐标。例如，a[2][3]表示 a 数组第 2 行第 3 列的元素（注意下标还是从 0 开始计）。

二维数组在逻辑上是二维的、表格样式的，但在内存中地址是连续的，也就是说各个元素是相互挨着的。那么，如何在线性内存中存放二维数组呢？有两种方式：一种是按行排列，即放完一行之后再放入第二行。另一种是按列存放，即放完一列之后再放入第二列。

在 C 语言中，二维数组是按行排列的。也就是先存放 a[0]行，再存放 a[1]行，最后存放 a[2]行；每行中的四个元素也依次存放。数组 a 为 int 类型，在 Visual C++6.0 中每个元素占用 4 个字节，整

个数组共占用 行数 * 列数 * sizeof(数组元素类型) = (3 * 4) * sizeof(int) = 48 个字节。

基于二维数组的元素引用方式和存储方式，一般通过对行下标和列下标进行依次循环达到遍历整个二维数组的目的。

```
for(i = 0; i < 3; i++)
    for(j = 0; j < 4; j++)
            a[i][j] = i + j;
```

（二）输入输出二维数组

在已有 int a[3][4]; 的定义的基础上，再结合二重循环语句，就能很方便地对二维数组完成输入输出操作。

```
#include <stdio.h>
void main()
{
    int i, j, a[3][4];
    for(i = 0;i < 3; i++)
        for(j = 0; j < 4; j++)
            scanf("%d", &a[i][j]);
    for(i = 0;i < 3; i++)
    {
        for(j = 0; j < 4; j++)
            printf("%d ",a[i][j]);
        printf("\n");
    }
}
```

（三）初始化二维数组

二维数组的初始化可以按行分段赋值，也可按行连续赋值。

例如对数组 a[3][4]，按行分段赋值可写为：

int a[3][4]={ {80,75,92,65}, {61,65,71,88}, {59,63,70,95}};

按行连续赋值可写为：

int a[3][4]={ 80,75,92,65,61,65,71,88,59,63,70,95};

这两种赋初值的结果是完全相同的。

对于二维数组初始化赋值还有以下说明。

1）可以只对部分元素赋初值，未赋初值的元素自动取 0 值。例如：

int a[3][3]={{1},{2},{3}};

是对每一行的第一列元素赋值，未赋值的元素取 0 值。赋值后各元素的值为：

```
1 0 0
2 0 0
3 0 0
```

int a [3][3]={{0,1},{0,0,2},{3}};

赋值后的元素值为：

```
0 1 0
0 0 2
3 0 0
```

2）如对全部元素赋初值，则第一维的长度可以不给出。例如：

```
int a[3][3]={1,2,3,4,5,6,7,8,9};
```

可以写为：

```
int a[][3]={1,2,3,4,5,6,7,8,9};
```

3）二维数组可以看作是一个长度为行数的一维数组，该一维数组的每个元素又可以看作是一个长度为列数的一维数组。根据这样的分析，一个二维数组也可以分解为多个一维数组，C语言允许这种分解。

如二维数组 a[3][4]，可看作是一个数组名为 a，且长度为 3 的一维数组，其数组元素分别为 a[0]、a[1]、a[2]。而其数组元素又可以看作是一个长度为 4 的一维数组，而 a[0]、a[1]、a[2] 正好作为它们的数组名。

如：一维数组 a[0] 的元素为 a[0][0]，a[0][1]，a[0][2]，a[0][3]。

一维数组 a[1] 的元素为 a[1][0]，a[1][1]，a[1][2]，a[1][3]。

一维数组 a[2] 的元素为 a[2][0]，a[2][1]，a[2][2]，a[2][3]。

必须强调的是，a[0]、a[1]、a[2] 不能当作下标变量使用，它们是数组名，不是一个单纯的下标变量。

（四）遍历二维数组

编程要求：有一个 3×4 的矩阵，求出其中值最大的那个元素的值及其所在的行号和列号。

算法思考：应用求最值的基本思想，首先把第一个元素 a[0][0] 作为临时最大值 max，然后把临时最大值 max 与每一个元素 a[i][j] 进行比较，若 a[i][j]>max，把 a[i][j] 作为新的临时最大值，并记录下其下标 i 和 j。当全部元素比较完后，max 是整个矩阵全部元素的最大值。

算法描述：

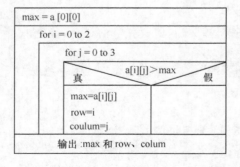

微课：遍历二维
数组

源代码：

```
#includ<stdio.h>
void main()
{
    int   i, j, row, colum, max;
    int a[3][4] = {{1,2,3,4}, {9,8,7,6}, {-10,10,-5,2}};
```

```
        max = a[0][0];
        row = 0;
        colum = 0;
        for(i = 0; i < 3; i++) /*  用两重循环遍历全部元素  */
           for(j = 0; j < 4; j++)
           {
               if (a[i][j] > max )
               {
                        max = a[i][j];
                        row = i;
                        colum = j;
               }
           }
        printf("max=%d, row=%d, colum=%d\n", max, row, colum);
}
```

← **课后练习**

1. 以下能正确定义一维数组的选项是（   ）。

    A. int   num[];

    B. #define   N   100
           int   num[N];

    C. int   num[0..100];

    D. int   N = 100;
           int   num[N];

2. 假定 int 类型变量占用两个字节，若有定义：int x[10]={0,2,4};，则数组 x 在内存中所占字节数是（   ）。

    A. 3   B. 6   C. 10   D. 20

3. 以下叙述中错误的是（   ）。

    A. 对于 double 类型数组，不可以直接用数组名对数组进行整体输入或输出

    B. 数组名代表的是数组所占存储区的首地址，其值不可改变

    C. 当程序执行中，数组元素的下标超出所定义的下标范围时，系统将给出"下标越界"的出错信息

    D. 可以通过赋初值的方式确定数组元素的个数

4. 执行下面的程序段后，变量 k 中的值为（   ）。

```
int   k=3, s[2];
s[0] = k; k = s[1] * 10;
```

    A. 不定值   B. 33   C. 30   D. 10

5. 若有以下说明：

```
int a[12] = {1,2,3,4,5,6,7,8,9,10,11,12};
char c='a', d, g;
```

则值为 4 的表达式是（   ）。

    A. a[g-c]   B. a[4]   C. a['d'-'c']   D. a['d'-c]

6. 有如下程序：

```
main()
{
 int   n[5] = {0,0,0}, i, k = 2;
 for(i = 0; i < k; i++)
     n[i] = n[i] + 1;
 printf("%d\n",n[k]);
}
```

该程序的输出结果是（   ）。

    A. 不确定的值   B. 2   C. 1   D. 0

7. 有以下程序：

```
main()
{
   int p[8] = {11,12,13,14,15,16,17,18}, i=0, j=0;
   while(i++ < 7) if(p[i] % 2) j += p[i];
   printf("%d\n",j);
}
```

程序运行后的输出结果是（   ）。

    A. 42   B. 45   C. 56   D. 60

8. 以下程序的输出结果是（   ）。

```
main()
{   int   p[7] = {11, 13, 14, 15, 16, 17, 18}, i = 0, k = 0;
    while (i < 7 && p[i] % 2){ k = k + p[i]; i++; }
    printf("%d\n", k);
}
```

    A. 58   B. 56   C. 45   D. 24

9. 以下程序的输出结果是（   ）。

```
main()
{    int i, k, a[10], p[3];
     k = 5;
     for (i = 0; i < 10; i++) a[i] = i;
     for (i = 0; i < 3; i++)   p[i] = a[i * (i + 1)];
     for (i = 0; i < 3; i++)   k += p[i] * 2;
     printf("%d\n", k);
}
```

    A. 20   B. 21   C. 22   D. 23

10. 以下数组定义中不正确的是（   ）。

    A. int a[2][3];   B. int b[][3] = { 0, 1, 2, 3 };

    C. int c[100][100] = { 0 };   D. int d[3][] = {{1, 2}, {1, 2, 3}, {1, 2, 3, 4}};

11. 以下能正确定义数组并正确赋初值的语句是（   ）。

    A. int   N = 5, b[N][N];   B. int   a[1][2] = {{1}, {3}};

    C. int   c[2][] = {{1, 2}, {3, 4}};   D. int   d[3][2] = {{1, 2}, {3, 4}};

12. 以下程序的输出结果是（　　）。

```
main()
{   int   i, x[3][3] = {1, 2, 3, 4, 5, 6, 7, 8, 9};
    for (i = 0; i < 3; i++) printf("%d,", x[i][2−i]);
}
```

    A. 1，5，9，　　　　B. 1，4，7，　　　　C. 3，5，7，　　　　D. 3，6，9，

13. 以下程序的输出结果是（　　）。

```
main()
{   int b[3][3] = {0, 1, 2, 0, 1, 2, 0, 1, 2}, i, j, t = 1;
    for (i = 0; i < 3; i++)
    for (j = i; j <= i; j++) t = t + b[i][b[j][j]];
    printf("%d\n", t);
}
```

    A. 3　　　　　　　　B. 4　　　　　　　　C. 1　　　　　　　　D. 9

14. 有以下程序：

```
main()
{ int aa[4][4] = {{1, 2, 3, 4}, {5, 6, 7, 8}, {3, 9, 10, 2}, {4, 2, 9, 6}};
    int   i, s = 0;
    for (i = 0; i < 4; i++) s += aa[i][1];
    printf("%d\n", s);
}
```

程序运行后的输出结果是（　　）。

    A. 11　　　　　　　B. 19　　　　　　　C. 13　　　　　　　D. 20

15. 有以下程序：

```
main()
{   int m[][3] = {1, 4, 7, 2, 5, 8, 3, 6, 9};
    int i, j, k = 2;
    for (i = 0; i < 3; i++) { printf("%d ", m[k][i]); }
}
```

执行后输出结果是（　　）。

    A. 4 5 6　　　　　　B. 2 5 8　　　　　　C. 3 6 9　　　　　　D. 7 8 9

查看答案与解析 7

项目八

使用函数

C语言被称为函数式语言，是因为函数是C源程序的基本模块，通过对函数模块的调用实现特定的功能，实用程序往往由多个函数组成，其中的主函数 main() 是必须的而且是唯一的。用户还可把自己的算法编成一个个相对独立的函数模块，然后用调用的方法来使用函数，可以说C程序的全部工作都是由各式各样的函数完成的，从而使程序的层次结构清晰。

➔ **课堂学习目标**

■ 定义和调用函数
■ 认识变量的作用域和存储类

任务一 定义和调用函数

小明在学习 C 语言实现三种基本结构的任务中，每次编程练习都编写了主函数 main()，所有的程序代码都堆积到 main() 中。现在编写的一个程序只有几十行，还比较好控制。那如果程序规模达到成百上千行，作为普通人似乎就没那么好驾驭了。别着急，C 语言提供了一种模块化的概念——函数，使用函数可以把相对独立的代码段给模块化，从而使程序结构清晰，易于掌控。

本任务要求掌握 C 语言是如何定义函数、如何调用函数、如何声明函数的，并了解一些常见库函数的使用。

（一）函数的概念

C 源程序是由函数组成的。函数是 C 源程序的基本模块，通过定义函数模块实现特定的功能，通过调用函数完成特定的功能。实用程序往往包括一个主函数 main() 和若干其他函数。其中主函数 main() 是必须的，它是程序执行的起点。由主函数调用其他函数，其他函数也可以互相调用，同一函数可以被一个或多个函数调用任意多次。调用示意图如图 8-1 所示。

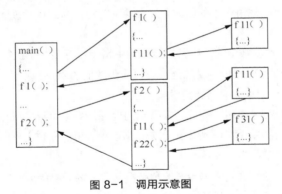

图 8-1 调用示意图

需要明确指出以下几点。

1）一个 C 程序可以有多个源程序文件，多个源程序文件组成一个 C 程序，这样便于分别编写，分别编译，提高调试效率，同时一个源程序文件可为多个 C 程序共用。

2）一个源程序文件由一个或多个函数及其相关内容（如数据定义等）组成，一个源程序文件是一个基本的编译单位。

3）C 程序的执行从主函数 main() 开始，可以调用其他函数（习惯上把调用者称为主调函数，被调用者称为被调用函数），而不允许被其他函数调用，只能由系统调用。其他函数之间可以互相调用，同一函数可以被一个或多个函数调用任意多次。调用后流程返回主调函数，最后函数在 main() 中结束。因此，一个 C 源程序必须也只能有一个主函数 main()。

4）所有函数（包括主函数）都是平行的，在定义时候是分别进行的，相互独立，无从属关系，不可嵌套定义。但函数可以自己直接或间接调用自己，称为递归调用。

（二）函数的优点

1）使用函数可以控制任务的规模；

2）使用函数可以控制变量的作用范围；

3）使用函数，程序的开发可以由多人分工协作；

4）使用函数，可以重新利用已有的、调试好的、成熟的程序模块；

5）函数模块相对独立，功能单一，可混合编写，也可独立编写调试。

总之，使用函数，能易于编写，简化代码量，方便维护，流程清晰明了，易于理解。

（三）函数的分类

在 C 语言中可从不同的角度对函数分类。

1）从函数定义的角度看，函数可分为库函数和用户定义函数两种。

① 库函数：由 C 系统提供，用户无须定义，也不必在程序中作类型说明，只需在程序前包含该函数原型的头文件即可在程序中直接调用。常用的库函数有用于完成输入输出功能的输入输出函数，如 printf、scanf，用于字符串操作和处理的字符串函数，用于数学函数计算的数学函数，用于日期、时间转换操作的日期和时间函数，用于内存管理放入内存管理函数……。

② 用户定义函数：由用户按需要编写的函数。对于用户自定义函数，不仅要在程序中定义函数本身，而且在主调函数模块中还必须对该被调函数进行类型说明（或声明），然后才能使用。

2）C 语言的函数兼有其他语言中的函数和过程两种功能，从这个角度看，又可把函数分为有返回值函数和无返回值函数两种。

① 有返回值函数：此类函数被调用执行完后将向主调用者返回一个执行结果，称为函数返回值。如数学函数即属于此类函数。由用户定义的这种要返回函数值的函数，必须在函数定义和函数说明中明确返回值的类型（如果没明确，系统指定缺省类型为 int）。

② 无返回值函数：此类函数用于完成某项特定的处理任务，执行完成后不向主调用者返回函数值。这类函数类似于其他语言的过程。由于函数无须返回值，用户在定义此类函数时可指定它的返回为"空类型"，空类型的说明符为"void"。

3）从主调函数和被调函数之间数据传送的角度看又可分为无参函数和有参函数两种。

① 无参函数：函数定义、函数说明及函数调用中均不带参数。主调函数和被调函数之间不进行参数传送。此类函数通常用来完成一组指定的功能，可以返回或不返回函数值。

② 有参函数：也称为带参函数。在函数定义及函数说明时都有参数，称为形式参数（简称为形参）。在函数调用时也必须给出参数，称为实际参数（简称为实参）。进行函数调用时，主调函数将把实参的值传送给形参，供被调函数使用。

⊕ 任务实现

（一）定义一个函数

C 语言函数定义的一般形式如下：

函数返回值类型标识符 函数名(形参类型1形参名称1, 形参类型2, 形参名称2…)

```
{
    声明部分
    执行语句部分
}
```

关于函数定义各部分要素说明如下。

1）函数的第一行称之为函数首部（或函数头），函数首部下用一对{}括起来的部分称之为函数体。函数体一般包括声明、执行语句两部分。

2）函数头（首部）：说明了函数类型、函数名称及参数。

① 函数类型：指的是函数返回值的数据类型，可以是基本数据类型，也可以是构造类型。如果省略，默认为 int；如果没有返回值，定义为 void 类型。该类型要求与函数体中 return 语句中的表达式类型相一致，如果不一致，则以函数首部声明的类型为准。

② 函数名：是给函数取的名字，以后用这个名字调用。函数名由用户命名，命名规则同用户标识符，一般首字母大写。

③ 形参列表：是函数名后面一对()内的参数列表。无参函数没有参数，但一对()不能省略，这是格式的规定。参数列表说明形式参数的数据类型和形式参数的名称，类型和名称之间用空格间隔，各个形式参数用"，"分隔。

3）函数体：是函数功能的实现，也可以是空的，即使函数只是一个空函数（没有函数体），但一对{}不能省略。

① 声明部分：在这部分定义本函数所使用的数据和进行有关声明（如声明本函数中要调用的其他函数）。函数体中的声明部分和 main 函数中一样，总是放在其他可执行语句之前。这些数据和形参只在本函数被调用时开辟存储单元，当退出函数时，这些临时的存储单元全部释放。因此，这些数据只在函数内部起作用，与其他函数的变量互不相干，即使同名也没关系。

② 执行语句部分：程序段，由若干条语句组成（可以在其中调用其他函数），完成函数所需的功能。一般在函数执行语句部分的结尾，出现函数返回值的 return 语句。

③ 函数的返回值：是指函数被调用之后，执行函数体中的程序段所取得的并返回给主调函数的值，如调用正弦函数取得正弦值。函数返回值通过 return 语句返回主调函数。return 语句的一般形式有如下三种：

```
return表达式;
return (表达式);
return;
```

该语句的功能是计算表达式的值，并将值返回给主调函数的"函数调用处"，程序的流程也返回到主调函数，并退出被调用函数。在函数中允许有多个 return 语句，但每次调用只能有一个 return 语句被执行，该 return 语句之后其他语句不再执行，因此只能返回一个函数值。第三种形式的 return 语句不含表达式，它与函数类型 void 相对应，此时的 return 语句只是使流程返回主调函数，并没有返回值。这种情况下的 return 语句可以省略不写，程序的流程就一直执行到函数末尾的"}"，然后返回主调函数。

比如定义一个求两个整数较大值的函数 Max。

```
int Max(int x, int y)   /* 函数首部，函数类型int，x和y为形参 */
{
    int  z;   /* 定义了一个变量z */
```

```
    z = x > y ? x : y; /* 完成函数功能的执行语句 */
    return (z);    /* 函数的返回值*/
}
```

（二）调用一个函数

程序是通过对函数的调用来执行函数的，C 语言中，函数调用的一般形式为：

函数名(实际参数表);

对无参函数，尽管没有实参，但一对（）不能省略。实际参数表中的参数可以是常数、变量或其他构造类型数据及表达式，各实参之间用逗号分隔。

1. 函数调用时的参数传递

在调用函数时，有参函数主调与被调函数间有数据传递关系。在定义函数时，函数名后面括号中的变量名称为"形式参数"，在主调函数中调用一个函数时，函数名后面括号中的参数称为"实际参数"。

发生函数调用时，调用函数首先计算实参表达式的值，然后把实参的值复制一份，传送给被调用函数的形参，从而实现调用函数向被调用函数的数据传送。

关于实参、形参及参数传递的几点说明。

1）形参变量在被调用前不占用存储单元；在被调用结束后，形参所占存储单元亦被释放。因此，形参只有在该函数内有效。调用结束，返回调用函数后，则不能再使用该形参变量。

2）实参可以是常量、变量、表达式、函数调用等。无论实参是何种类型的量，在进行函数调用时，它们都必须具有确定的值，以便把这些值传送给形参。因此，应预先用赋值、输入等办法，使实参获得确定的值。

3）实参对形参的数据传送是单向的，即只能把实参的值传送给形参，而不能把形参的值反向地传送给实参。因此，对函数而言，形参是函数的"输入"。

4）实参和形参占用不同的内存单元，即使同名也互不影响。在函数执行时，形参值发生变化也不会影响实参的值。

5）在定义函数时指定了形参的类型，实参和形参的类型应相同或与赋值兼容。实参与形参的个数应相同。

6）函数调用执行结束后，函数将返回值和流程都送回主调函数。

比如下面的程序调用了"任务实现（一）定义一个函数"中定义的 Max 函数：

```
int main( )
{
    int   a, b, c ;
    scanf("%d,%d", &a, &b);
    c = Max(a, b);                    /* 函数调用，a和b为实际参数   */
    printf("Max is %d\n", c);
    return 0;
}
```

在这次函数调用中，实参 a 和 b 将数值分别传递给 Max 函数中的形参 x 和 y，程序流程也进入了 Max 函数。执行后，return (z);语句将返回值和程序流程都送回了主调函数 main，并赋值给变量 c。

再比如有以下程序：

```
void   Swap (int x,   int y)
{
    int   temp;
    temp = x;
    x = y;
    y = temp;
    printf("x=%d ，  y=%d  \n"，  x，  y);
}

int main()
{
    int   a = 3, b = 5;
    Swap (a, b);
    printf("a=%d, b=%d\n", a, b);
    return 0;
}
```

本例中，实参 a、b 分别将值传递给形参 x、y。在 Swap 函数内交换了 x 和 y 的值，但这对实参 a 和 b 没有影响。同时 Swap 函数没有返回值。

2. 函数调用的使用方式

在 C 语言中，可以用以下几种方式调用函数。

1）函数表达式：函数作为表达式中的一部分出现在表达式中，以函数返回值参与表达式的运算。这种方式要求函数是有返回值的。例如：c = Max(a, b)是一个赋值表达式，把调用 Max 的返回值赋予变量 c。

2）函数语句：函数调用直接加上分号即构成函数语句。例如 printf ("%d", a);、scanf ("%d", &b);、Swap (a, b);都是以函数语句的方式调用函数的。这种使用中，仅进行某些操作，而不返回函数值。

3）函数实参：函数作为另一个函数调用的实际参数出现。这种情况是把该函数的返回值作为实参进行传送，因此要求该函数必须是有返回值的。例如：printf("%d", Max(a, b));即是把调用 Max 的返回值又作为 printf 函数的实参来使用的，又如 Max(Max(a, b), c)。在函数调用中还应该注意参数求值顺序的问题。所谓求值顺序是指对实参表中各量是自左至右使用，还是自右至左使用。对此，各编译系统的规定不一定相同，在 VC++6.0 中，实参表中各量自右向左计算。

（三）声明一个函数

在一个函数被另一个函数调用时，须具备以下条件：

1）被调用的函数已存在；

2）如果被调函数为库函数，则应在文件开头用 "#include" 命令声明相应的 "头文件"；

3）如果被调函数为自定义函数且其定义在主调函数定义之后，则应在主调函数中说明其类型（即对被调用函数进行声明）。

在主调函数中调用某函数之前应对该被调函数进行说明（声明），这与使用变量之前要先进行变量定义是一样的。在主调函数中对被调函数作声明的目的是使编译系统知道与该函数有关的信息，让编译器知道函数的存在，以及存在的形式，即使函数暂时没有看到函数定义，编译器也知道如何使用它。

其一般形式为：

函数类型说明符 被调函数名(类型 形参名，类型 形参名…);

或为：

函数类型说明符 被调函数名(类型，类型…);

括号内给出了形参的类型和形参名，这里的参数名完全是虚设的，它们可以是任意的用户标识符，既不必与函数首部中的形参名一致，又可以与程序中的任意用户标识符同名，甚至可以省略形参名。而函数类型说明符必须与函数定义时的类型一致。有了函数声明，函数定义就可以出现在任何地方了。

函数声明给出了函数名、返回值类型、参数列表（参数类型）等与该函数有关的信息，称为函数原型。函数原型给出了使用该函数的所有细节，当不知道如何使用某个函数时，需要查找的是它的原型，而不是它的定义，我们往往不关心它的实现，尤其是在使用库函数的时候。

函数声明一般以独立语句的形式出现（注意函数声明后面带有分号;）。当函数声明出现在所有函数外部时，则在函数声明的后面所有位置都可以调用该函数；当函数声明出现在主调函数内部时，则只能在主调函数内识别调用该函数。

注意　函数的定义和声明不是一回事。定义是对函数功能的确立，包括指定函数名、函数值类型、形参及其类型、函数体等，它是一个完整的、独立的函数单位。而函数的声明是把函数的名字、函数类型以及形参的类型、个数和顺序等信息通知编译系统，以便在调用时进行对照检查。

（四）使用库函数

标准 C 语言（ANSI C）共定义了 15 个头文件，称为 "C 标准库"，所有的编译器都必须支持。这些标准库内提供了丰富的库函数。

在调用每一类库函数时，用户应该在 include 命令中包含相应的头文件，例如要使用我们已经熟知的 printf()、scanf()函数，就要在程序开头写上：#include<stdio.h>；要使用 sqrt()函数，就要在程序开头写上：#include<math.h>。

include 命令以#开头，用以包含.h 扩展名的头文件，文件名用一对<>或""括起来。注意，include 命令行不是 C 语句，不要加分号。

头文件中包含的都是函数原型，而不是函数定义。在包含了头文件后，通过查阅相关技术资料或者这些库函数的原型，就可以直接使用里边的库函数了。

（五）递归调用函数

在调用一个函数的过程中又出现直接或间接地调用该函数本身，称为函数的递归调用。C 语言的特点之一就在于允许函数的递归调用。在递归调用中，主调函数又是被调函数。执行递归函数将反复调用其自身，每调用一次就进入新的一层。

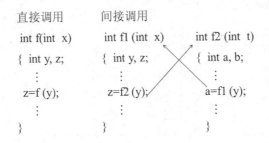

例如，有函数 f 如下：

```
int f(int x)
{
    int y;
    z=f(y);
    return z;
}
```

这个函数是一个递归函数。但是运行该函数将无休止地调用其自身，这当然是不正确的。为了防止递归调用无终止地进行，必须在函数内有终止递归调用的手段。常用的办法是加条件判断，满足某种条件后就不再作递归调用，然后逐层返回，过程示意如图 8-2 所示。

比如有这么一个问题：有 5 人排成一队，从最后一人开始，其年龄均比前面的人大 2 岁，而最前面的人年龄是 10 岁，问最后一人的年龄是多少岁？

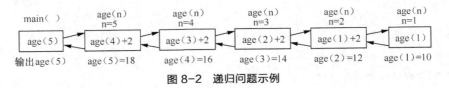

图 8-2　递归问题示例

在这个递归问题中，"第 5 个人的年龄问题"转换为"第 4 个人的年龄问题"＋2，而"第 4 个人的年龄问题"与"第 5 个人的年龄问题"的解法相同，转换为"第 3 个人的年龄问题"＋2……"最前面的人年龄是 10 岁"就是递归的终止条件，到此就不用继续递归了，就可以逐层返回了。函数如下：

```
int Age(int  n)
{
    int c;
    if (n == 1)   c = 10;
    else   c = Age(n–1) + 2;
    return(c);
}
```

再比如求解 n! 的问题。

我们熟知数学关系式 n!　＝ n＊(n－1)!，这就把 n! 转化为(n－1)! 的新问题，而求解(n－1)! 的方法与原来的 n! 的解法相同，只是运算数由 n 变成 n–1（变小了!），同样的，(n－1)! 又可转换

(n − 2)！的问题……每次转换为新问题时，运算数都变小了，直到运算数值减至 0，0！为 1，此时就是递归结束，然后计算值逐层返回，如图 8-3 所示。

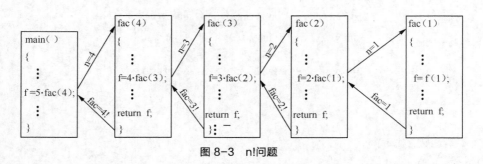

图 8-3　n!问题

按公式可编程如下：

```
long   Fac(int n)
{
    long f;
    if(n == 0)
        f = 1;
    else
        f = Fac(n − 1) * n;
    return(f);
}
int   main()
{
    int n;
    long fac;
    printf("\ninput a inteager number:");
    scanf("%d", &n);
    fac = Fac(n);
    printf("%d! = %ld\n", n, fac);
    return 0 ;
}
```

执行本程序时输入为 5，即求 5!。在主函数中的调用语句即为 y = Fac(5)，进入 Fac 函数后，由于 n=5，不等于 0 或 1，故应执行 f = Fac (n − 1) * n。即 f = Fac (4) * 5。该语句对 Fac 作递归调用，即 Fac (4)。继而递归调用即 Fac (3)、Fac (2)、Fac (1)，此时 Fac 函数形参取得的值变为 1，故不再继续递归调用而开始逐层返回主调函数。Fac (1)的函数返回值为 1，Fac (2)的返回值为 1*2=2，Fac (3)的返回值为 2*3=6，Fac (4)的返回值为 6*4=24，最后 Fac (5)返回值为 24*5=120。

微课：递归调用函数

当然本例也可以不用递归的方法来完成，类似于前面项目经常出现的累加问题，用递推法，即从 1 开始乘以 2，再乘以 3……直到 n。递推法比递归法更容易理解和实现。但是有些问题则只能用递归算法才能实现。典型的问题是 Hanoi 塔问题。

任务二　认识变量的作用域和存储类

任务要求

小明在定义和调用函数时，经常在两个不同函数内部定义相同名字的变量，有的时候对不同函数的同名变量在使用方面不是非常明了，很希望能更准确地了解这方面的内容。

本任务将要介绍局部变量和全局变量的概念、变量的存储类别。

任务实现

在任务一讨论函数的形参变量时曾经提到，只有在函数内才是有效的，离开该函数就不能再使用了，这种变量有效性的空间范围称为变量的"作用域"；同时在时间方面，形参变量只在被调用期间才分配内存单元，调用结束立即释放，这种变量有效性的时间范围称为变量的"生存期"。不仅对于形参变量，C语言中所有的量都有自己的作用域和生存期。变量的"作用域"和"生存期"由变量定义的位置以及存储类别说明符共同确定，按作用域范围可分为两种，即局部变量和全局变量，而与存储类别有关的说明符有四个：即 auto（自动的）、register（寄存器的）、static（静态的）、extern（外部的）。

（一）认识局部变量和全局变量

1. 局部变量

局部变量是在一个函数内部定义或者复合语句内部定义的变量，也叫内部变量，它的作用域只限于本函数范围内或本复合语句范围内，也就是说，只有在本函数内或本复合语句内才能使用它们，离开这个范围是不能使用这些变量的。

```
int f1(int a)          /* a、b的作用域是函数f1内 */
{
    int b;
    …
    {
        …              /* c的作用域是复合语句内 */
        int   c;
        …
    }
    …
}

int main()             /* m、n的作用域是主函数main内 */
{
    int m,n;
}
```

在函数 f1 内共定义了三个变量，a 为形参，b 为一般变量，c 为复合语句内定义的变量。在 f1 的范围内 a、b 有效，或者说 a、b 变量的作用域限于 f1 内，而 c 变量的作用域仅限于符合语句内部。

m、n 的作用域限于 main 函数内。

说明

1）主函数 main 中定义的变量也只在主函数中有效，不因为在主函数中定义而在整个文件或程序中有效，主函数也不能使用其他函数中定义的变量。因为主函数也是一个函数，它与其他函数是平行关系。

2）不同函数中可以使用相同名字的变量，它们代表不同的存储空间，互不干扰。

3）形式参数也是局部变量。例如 f1 函数中的形参 a，也只在 f1 函数中有效。其他函数不能使用。

4）如果函数内的局部变量和复合语句内部的变量同名了，则在复合语句内部定义的变量有效。

5）局部变量默认是 auto 型的存储类别，在程序运行进入局部变量所在的函数或复合语句时分配存储空间，退出所在函数或复合语句时释放存储空间，这就是局部变量默认的生存期。当再次进入该局部变量所在的函数或复合语句时，重新分配存储空间，与上次所分配的存储空间毫无关系，因此变量值不会保留。

2. 全局变量

全局变量也称为外部变量，它是在所有函数之外定义的变量。它不属于哪一个函数，它属于一个源程序文件。全局变量默认的作用域是从变量定义的位置开始，到整个源文件结束，而生存期是整个程序运行期间。因此，如果在程序某处对全局变量值有修改，则在此之后使用该全局变量将是它的新值。

```
int a, b;          /* a、b是外部变量，作用域从此处开始到文件结束 */
void f1()          /* 函数f1 */
{
    …
}
float x, y;        /* x、y是外部变量，作用域从此处开始到文件结束 */
int f2()           /* 函数f2 */
{
    …
}
int main()         /* 主函数 */
{
    …
}
```

从上例可以看出 a、b、x、y 都是在函数外部定义的外部变量，都是全局变量。但 x、y 定义在函数 f1 之后，而在 f1 内无对 x 和 y 的说明，所以它们在 f1 函数内无效。a 和 b 定义在源程序最前面，因此在 f1、f2 及 main 函数内不加说明也可使用。

如果同一个源文件中，全局变量与局部变量同名，则在局部变量的作用范围内，外部变量被"屏蔽"，即在此范围内只有局部变量起作用。

认识变量的作用域和存储类

（二）认识变量的存储类别

内存中供用户使用的存储空间分为代码区与数据区两个部分。变量存储在数据区，数据区又可分为静态存储区与动态存储区。

静态存储是指在程序运行期间给变量分配固定存储空间的方式。如全局变量就存放在静态存储区中，程序运行时分配空间，程序运行完才释放。对于静态存储方式的变量可在编译时初始化，默认初值为 0 或空字符。动态存储是指在程序运行时根据实际需要动态分配存储空间的方式。如形式参数存放在动态存储区中，在函数调用时分配空间，函数调用完成立即释放。对动态存储方式的变量如不赋初值，则它的值是一个不确定的值。

在 C 语言中，具体的存储类别有自动的（auto）、寄存器的（register）、静态的（static）及外部的（extern）四种说明符。静态存储类别与外部存储类别变量存放在静态存储区，自动存储类别变量存放在动态存储区，寄存器存储类别直接送寄存器。在 C 语言中，每个变量和函数有两个属性：数据类型和数据的存储类别。这些存储类别说明符通常与类型名一起出现，既可放在类型名前，又可放在类型名后。

1. auto 变量

函数中的局部变量，如不特意声明为 static 存储类别，都是动态地分配存储空间的，数据存储在动态存储区中。函数中的形参和在函数中定义的变量（包括在复合语句中定义的变量）都属此类，在调用该函数时系统会给它们分配存储空间，在函数调用结束时就自动释放这些存储空间，这是 auto 变量的生存期。对它们分配和释放存储空间的工作是由编译系统自动处理的，这类局部变量称为自动变量。自动变量用关键字 auto 作存储类别的声明。例如：

```
int f(int a)              /* 定义f函数，a为参数 */
{
    auto int b, c = 3;    /* 定义b，c自动变量 */
    …
}
```

a 是形参，b、c 是自动变量，它们都是 auto 变量。执行完 f 函数后，自动释放 a、b、c 所占的存储单元。关键字 auto 一般可以省略，auto 不写则隐含定为"自动存储类别"，属于动态存储方式。

自动型的变量的初值在每次进入函数体时获得，上例中的形参 a 从实参处获值，变量 b 没有初始化语句，则每次 b 都有一个不确定的值，而变量 c 每次都重新初始化为 3。这类自动型的局部变量的最突出优势就是：不同函数内使用了同名变量也互不影响，因为它们有不同的作用域，存在时间也互不相同。

2. register 变量

如果有一些变量使用频繁，为提高执行效率，C 语言允许将局部变量的值放在运算器中的寄存器中，需要时直接从寄存器取出参加运算，不必再到内存中去存储，这样可以提高执行效率。这种变量叫"寄存器变量"，用关键字 register 作说明。

寄存器变量也是自动类的变量，它与自动类的变量的区别是：register 变量被建议将变量值保存在 CPU 寄存器内，而普通的 auto 变量值保存在内存中。需要注意的是：

1）register 说明符只是对编译程序的一种建议，不是强制性的；

2）CPU 寄存器大小比较有限，因此只能说明少量的寄存器变量；

3）由于 register 变量不在内存中，因此 register 变量不能进行求地址运算。

3. static 变量

任务一中所述的全局变量是静态变量的一种类别。

而局部变量加上 static 说明符时，则该变量成为静态局部变量。将一个局部变量声明为静态的，其作用域没有发生变化，但生存期发生了变化：静态局部变量存在于整个程序运行期间。

对静态局部变量和自动局部变量的区别说明如下。

1）静态局部变量属于静态存储类别，在静态存储区内分配存储单元，在程序整个运行期间都不释放。而自动变量（即局部动态变量）属于动态存储类别，占动态存储区空间，而不占固定空间，函数调用结束后即释放。

2）静态局部变量是在编译时赋初值的，即只赋初值一次，在程序运行时它已有初值。以后每次调用函数时不再重新赋初值，而只是保留上次函数调用结束时的值。而对自动变量赋初值，不是在编译时进行的，而是在函数调用时进行的，每调用一次函数重新赋给一次初值，相当于执行一次赋值语句。

3）如果在定义局部变量时不赋初值，则对静态变量来说编译时自动赋初值为 0；而对自动变量来说，如果不赋初值，则它的值是一个不确定的值。

4）虽然局部静态变量在函数调用结束后仍然存在，但其他函数是不能引用它的。

基于静态局部变量这种特性，如果希望函数中的局部变量的值在函数调用结束后不消失而保留原值，在下一次该函数调用时可继续使用，这时就可以指定该局部变量为"局部静态变量"，用 static 加以说明。

```
int Count()
{
   static int b = 0;   /* 定义了一个局部的static变量 */
   b++;
   return b;
}
int main()
{
   int a = 0;
   a = Count (); /* a的值等于1 */
   a = Count (); /* a的值等于2 */
   a = Count (); /* a的值等于3 */
   printf("a = %d\n", a);
   return 0;
}
```

本例中 Count 函数中的局部变量 b 声明为 static，初始化语句在编译期间完成 b 的初始化，在执行期间不再执行，每次 Count 函数被调用时，b 自加 1，并保留其值。最终利用 static 变量统计了调用函数的次数。

4. extern 变量

全局变量是在函数的外部定义的，它的作用域为从变量定义处开始，到本程序文件的末尾。如果外部变量不在文件的开头定义，其有效的作用范围只限于定义处到文件终了。如果在定义点之前的函数想使用该全局变量，则应该在引用之前用关键字 extern 对该变量作声明，表示该变量是一个已经定义的全局变量。有了此声明，就可以从"声明"处起，合法地使用该外部变量。

对全局变量的定义和全局变量的说明的区别说明如下。

1）全局变量的定义只能有一次，它的位置在所有函数之外，而同一文件中的全局变量的说明可以有多次，哪里有需要就可以在哪里说明。

2）系统根据全局变量的定义（而不是根据全局变量的说明）分配存储单元。对全局变量的初始化只能在"定义"时进行，而不能在"说明"中进行。

3）所谓"说明"，其作用是声明该变量是一个已在外部定义过的变量，仅仅是为了使用该变量而作的声明。

通过 extern 说明符扩大全局变量的作用域，不仅适用于同一源文件内（同一编译单位）。当一个程序由多个编译单位组成，并且多个文件中需要使用同一个全局变量时，如果在多个文件中都定义同名全局变量，则会产生"重复定义"错误。解决办法就是：在其中之一的文件中定义所有全局变量，而在其他需要使用这些全局变量的文件中用 extern 对这些变量进行说明，通知编译程序不必再为它们分配存储单元了。

与之相反，如果用 static 说明符说明全局变量，则该全局变量只限于本编译单位使用，不能被其他编译单位使用了，称之为静态全局变量。

（三）认识函数的存储分类

C 语言的函数本质上都是外部的，因为所有函数都在其他函数之外定义（C 语言不允许嵌套定义函数）。在定义函数时，可以使用 extern 或 static 说明符。

在定义函数时，若在函数返回值类型前面加上 extern 说明符，称此函数为外部函数。extern 说明符一般省略不写。外部函数可以被其他编译单位所调用，当在其他编译单位调用本函数时，应当在调用语句前的函数声明中用 extern 加以说明。

在定义函数时，若在函数返回值类型前面加上 static 说明符，称此函数为静态函数。静态函数只限于本编译单位的其他函数调用，而不可以被其他编译单位所调用。因此，静态函数可视作内部于本文件的"内部函数"。

← 课后练习

1. C 语言中，函数值类型的定义可以缺省，此时函数值的隐含类型是（　　）。
   A. void　　　　　　　B. int　　　　　　　C. float　　　　　　　D. double

2. 有如下函数调用语句 func(rec1,rec2+rec3,(rec4,rec5));该函数调用语句中，含有的实参个数是（　　）。
   A. 3　　　　　　　　B. 4　　　　　　　　C. 5　　　　　　　　D. 有语法错

3. 若已定义的函数有返回值，则以下关于该函数调用的叙述中错误的是（　　）。
   A. 函数调用可以作为独立的语句存在
   B. 函数调用可以作为一个函数的实参
   C. 函数调用可以出现在表达式中
   D. 函数调用可以作为一个函数的形参

4. 有以下函数定义：

```
void fun(int n, double x) { ...... }
```

若以下选项中的变量都已正确定义并赋值，则对函数 fun 的正确调用语句是（　　）。

  A．fun(int y, double m)；   B．k = fun(10, 12.5)；

  C．fun(x, n)；   D．void fun(n, x)；

5. 若程序中定义了以下函数：

```
double    myadd(double a, double b)
{ return (a + b);}
```

并将其放在调用语句之后，则在调用之前应该对该函数进行说明，以下选项中错误的说明是（　　）。

  A．double myadd(double a, b)；

  B．double myadd(double, double)；

  C．double myadd(double b, double a)；

  D．double myadd(double x, double y)；

6. 有以下程序：

```
char fun(char x , char y)
{   if(x < y)    return x;
     return y;
}
main( )
{    int a = '9',b = '8',c = '7';
      printf("%c\n",fun(fun(a,b), fun(b,c)));
}
```

程序的执行结果是（　　）。

  A．函数调用出错 B．8   C．9   D．7

7. 以下程序的输出结果是（　　）。

```
fun(int x, int y, int z) { z=x*x+y*y; }
main()
{       int a=31;
fun(5,2,a);printf("%d",a);
}
```

  A．0   B．29   C．31   D．无定值

8. 在调用函数时，如果实参是简单变量，它与对应形参之间的数据传递方式是（　　）。

  A．地址传递   B．单向值传递

  C．由实参传给形参，再由形参传回实参 D．传递方式由用户指定

9. 有以下程序：

```
void f(int x,int y)
{   int t;
     if(x<y){ t=x; x=y; y=t; }
}
main()
{    int a=4,b=3,c=5;
```

```
        f(a,b); f(a,c); f(b,c);
        printf("%d,%d,%d\n",a,b,c);
}
```

执行后输出的结果是（　　）。

  A. 3，4，5   B. 5，3，4   C. 5，4，3   D. 4，3，5

10. 有以下程序：

```
fun(int a, int b)
{    if(a>b) return(a);
     else return(b);
}
main()
{    int x=3, y=8, z=6, r;
     r=fun(fun(x,y), 2*z);
     printf("%d\n", r);
}
```

程序运行后的输出结果是（　　）。

  A. 3   B. 6   C. 8   D. 12

11. 在 C 语言中，形参的缺省存储类是（　　）。

  A. auto   B. register   C. static   D. extern

12. 在 C 语言中，函数的隐含存储类别是（　　）。

  A. auto   B. static   C. extern   D. 无存储类别

13. 以下程序的输出结果是（　　）。

```
int a, b;
void fun() { a=100; b=200; }
main()
{    int a=5, b=7;
     fun();
     printf("%d%d \n", a,b);
}
```

  A. 100200   B. 57   C. 200100   D. 75

14. 以下程序的输出结果是（　　）。

```
int f()
{    static int i=0;
     int s=1;
     s+=i; i++;
     return s;
}
main()
{    int i,a=0;
     for(i=0;i<=5;i++) a+=f();
     printf("%d\n",a);
}
```

  A. 21   B. 24   C. 25   D. 15

15. 在函数调用过程中，如果函数 funA 调用了函数 funB，函数 funB 又调用了函数 funA，则
（　　）。

    A. 称为函数的直接递归调用　　　　　　B. 称为函数的间接递归调用

    C. 称为函数的循环调用　　　　　　　　D. C 语言中不允许这样的递归调用

16. 以下程序的输出结果是（　　）。

```
long fun(int  n)
{  long s;
   if(n==1 || n==2) s=2;
   else s=n-fun(n-1);
   return s;
}
main()
{ printf("%ld\n", fun(3)); }
```

    A. 1　　　　　　　　B. 2　　　　　　　　C. 3　　　　　　　　D. 4

17. 有如下程序：

```
long fib(int  n)
{      if(n>2) return(fib(n-1)+fib(n-2));
       else     return(2);
}
main()
{ printf("%d\n", fib(3)); }
```

该程序的输出结果是（　　）。

    A. 2　　　　　　　　B. 4　　　　　　　　C. 6　　　　　　　　D. 8

查看答案与解析 8

项目九

使用指针

指针是 C 语言中广泛使用的一种数据类型。运用指针编程是 C 语言最主要的风格之一。利用指针变量可以表示各种数据结构，能很方便地使用数组、函数和字符串，并能处理内存地址，从而编出精练而高效的程序。指针极大地丰富了 C 语言的功能。学习指针是学习 C 语言中最重要的一环，能否正确理解和使用指针是我们是否掌握 C 语言的一个标志。

同时，指针也是 C 语言中最为困难的一部分，在学习中除了要正确理解基本概念，还必须要多编程、上机调试。

➜ 课堂学习目标

- 认识指针
- 使用指针操作数组
- 使用指针操作函数
- 使用指针操作字符串

任务一　认识指针

任务要求

　　小明已经掌握了 C 语言的基本数据类型，构造类型中也认识了数组，而在函数的学习中也经常用到空类型 void。C 语言的数据类型还有一种指针类型尚未学习。小明对此充满好奇：指针是什么？它是干什么用的呢？

　　本任务要求掌握 C 语言中指针的概念，并将指针变量应用到数组、函数、字符串当中，认识利用指针进行编程带来的便利性。

相关知识

　　许多初学指针的人都有这样的疑问：指针是什么？在学习本任务之前，我们先把指针的概念弄清楚。

　　其实生活中处处都有指针，我们也处处在使用它。举个生活中的例子，如下。

　　你要我借给你一本书，我拿着书到了你宿舍，但是你人不在，于是我把书放在你书架的"第 2 层第 5 本"的位置上，并写了一张纸条放在你的桌上，纸条上写着：你要的书在书架"第 2 层第 5 本"位置。当你回来时，看到这张纸条，你就知道了我借给你的书放在哪里了。想想看，这张纸条的作用：根据纸条上写的内容（书的位置）找到那本书。纸条本身不是书，它上面也没有放着书，而是书的地址，通过纸条写明的地址找到了我借给你的书。

　　把本例当中的事物和 C 语言中的概念作对应：

　　书就是我们所使用的数据或函数；

　　书所放的地方就是给数据或函数所分配的存储空间（如果该地方有名字，就是变量名）；

　　书存放处的编号"第 2 层第 5 本"就是数据或函数的地址，或者叫指针；

　　纸条（写明编号）就是指针变量（该纸条的名字就是指针变量名）；

　　书写纸条就是把指针赋值给指针变量。

（一）指针

　　对于 C 语言来说，计算机的内存由连续的字节（byte）构成。这些连续的字节被连续地编上了号码以相互区别，这个号码就是所谓的地址（Address），也称为指针。图 9-1 所示为某段内存的编号（地址、指针），这些地址从 0 开始依次增加，每个字节的编号是唯一的，一般以十六进制表示，根据编号可以准确地找到某个字节。

图 9-1　某段内存的编号

　　一切都是地址。

　　C 语言用变量来存储数据，用函数来定义一段可以重复使用的代码，它们最终都要放到内存中才能供 CPU 使用。数据和代码都以二进制的形式存储在内存中，计算机无法从格式上区分某块内存到底存储的是数据还是代码。因此 CPU 只能通过地址来取得内存中的代码和数据，程序在执行过程中会告知 CPU 要执行的代码以及要读写的数据的地址。如果程序不小心出错，或者开发者有意为之，在 CPU 要写入数据时给它一个代码区域的地址，就会发生内存访问错误。

因此，CPU 访问内存时需要的是地址，而不是变量名或函数名，变量名和函数名只是地址的一种助记符，当源文件被编译和链接成可执行程序后，它们都会被替换成地址。编译和链接过程的一项重要任务就是找到这些名称所对应的地址。

假设变量 a、b、c 在内存中的地址分别是 0X1000、0X2000、0X3000，那么加法运算 c = a + b; 将会被转换成类似下面的形式：

```
0X3000 = (0X1000) + (0X2000);
```

()表示取值操作，整个表达式的意思是，取出地址 0X1000 和 0X2000 上的值，将它们相加，把相加的结果赋值给地址为 0X3000 的内存。

如果让我们在编写代码时直接面对二进制地址，想想都会让人崩溃。所以高级语言引入变量名和函数名等名称为我们提供了方便，让我们在编写代码的过程中可以使用易于阅读和理解的英文字符串，而把二进制的表达形式交给编译系统，就不需要直接与二进制形式打交道了。

那么，源代码中需要变量或函数地址该如何表达呢？

看以下代码：

```
#include <stdio.h>
int main()
{
    int a = 100;
    int arr[20] = {1,2,3,4,5};
    printf("%#X, %#X\n", &a, arr);
    return 0;
}
```

程序中%#X 表示以十六进制形式输出，并附带前缀 0X。a 是一个变量，用来存放整数，需要在前面加&来获得它的地址；arr 本身就表示数组的首地址，不需要加&。输出结果为：

```
0X18FF44, 0X18FEF4
```

也就是说，变量名、函数名、数组名、字符串名等名称虽然在本质上是一样的，都是地址的助记符，但在编写代码的过程中，我们认为变量名表示的是数据本身，&变量名才是变量的地址，而函数名、字符串名和数组名表示的是代码块或数据块的首地址。

（二）指针变量

指针变量就是存放指针的变量。

在 C 语言中，允许用一个变量来存放指针，这种变量称为指针变量。指针变量的值就是某份数据或函数的地址。

现有如下定义：int a = 100; 编译系统为变量 a 分配了 2 个字节的存储空间（按 int 型占 2 字节进行说明，2 个字节就有两个编号，但使用时一般只有首字节编号是有用的，也叫首地址），假设首地址为 0X11A。现将这个地址保存到一个指针变量 p 的存储空间当中，这种情况称之为指针变量指向了 a。示意图如图 9-2（a）所示，或者简化成如图 9-2（b）所示。

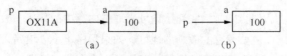

图9-2 指针变量指向变量

那么让指针变量指向变量，或者说把地址存放到指针变量中有什么用呢？它提供了一种对数据或函数的访问方式。

以前要使用变量 a，就直接用该变量名进行读写操作，称之为直接访问；而如果用指针变量对 a 进行读写操作，称之为间接访问。相对而言，间接访问要更费时间，而且不直观，因为通过指针要访问哪一个变量，取决于指针变量的值（即指向），但由于指针变量是变量，可以通过改变它们的指向，以间接访问不同的变量，这给程序员带来灵活性。

另外，指针变量本身也需要分配内存空间，就像上面的左图所示，p 也占据了存储空间，也有地址。在一般的编译系统中，所有指针变量本身所占的存储大小都是一样的，其值等于 sizeof(int)。

任务实现

（一）定义指针变量

定义指针变量与定义普通变量非常类似，不过要在变量名前面加星号*，格式为：

```
类型 *指针变量名;
```

或者：

```
类型 *指针变量名 = 初值;
```

在定义时的*是一个说明符，表示这是一个指针变量，类型表示该指针变量所指向的数据或函数类型，初值是一个地址表达式。例如：

```
int *p;
```

p 是一个指向 int 类型数据的指针变量，至于 p 究竟指向哪一份数据，暂时还不确定，应该由赋予它的值决定。再如：

```
int a = 100;
int *p = &a;
```

在定义指针变量 p 的同时对它进行初始化，并将变量 a 的地址赋予它，此时 p 就指向了 a。值得注意的是，指针 p 需要的一个地址，a 前面必须要加取地址符&，否则是不对的。

和普通变量一样，指针变量也可以被多次写入，随时都能够改变指针变量的值，请看下面的代码：

```
//定义普通变量
double a = 99.5, b = 10.6;
char c = '@', d = '#';
//定义指针变量
double *p1 = &a;
char *p2 = &c;
//修改指针变量的值
p1 = &b;
p2 = &d;
```

是一个特殊符号，表明一个变量是指针变量，定义 p1、p2 时必须带。而给 p1、p2 赋值时，因为已经知道了它是一个指针变量，就没必要多此一举再带上*，后面可以像使用普通变量一样来使

用指针变量。也就是说，定义指针变量时必须带*，给指针变量赋值时不能带*。

假设变量 a、b、c、d 的地址分别为 0X1000、0X1004、0X2000、0X2004，图 9-3 很好地反映了 p1、p2 指向的变化。

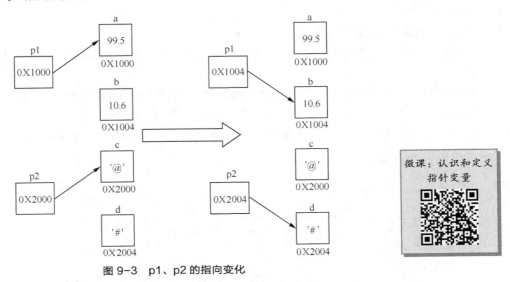

图 9-3　p1、p2 的指向变化

需要强调的是，p1、p2 的类型分别是 double *和 char *，而不是 double 和 char，它们是完全不同的数据类型，读者要引起注意。

指针变量也可以连续定义，例如：

```
int *a, *b, *c;  //a、b、c的类型都是int *
```

注意，每个变量前面都要带*。如果写成下面的形式：int   * a, b, c;，那么只有 a 是指针变量，b、c 都是类型为 int 的普通变量。

在如下指针变量定义中，读者要明确以下几个概念：

```
int a = 100;
int *p = &a;
```

（1）指针变量的类型

从语法的角度看，只要把指针声明语句里的指针名字去掉，剩下的部分就是这个指针的类型，这是指针本身所具有的类型。上面定义中指针变量 p 的类型是 int *。

（2）指针变量所指的类型

当通过指针变量来访问所指向的内存区时，指针变量所指向的类型决定了编译器将把哪片内存区里的内容当作一个整体看待。前面示意图已经看到，指针变量里存放的地址是首地址，那么编译器是如何知道从这个首地址开始多大范围内是所指的数据呢？这是由指针变量所指的类型决定的，上例的指针变量 p 所指的类型为 int，换句话说，编译系统就知道了 p 内所存放的地址开始，2 字节范围内是 p 所指的整数。

从语法上看，只需把定义指针变量中的指针变量名和变量名左边的指针声明符*去掉，剩下的就是指针变量所指向的类型。指针变量所指向的类型也叫指针变量的基类型。

（3）指针变量的值

指针变量的值是指针变量本身存储的数值，是指针变量所指向的内存区域的地址。虽然这个值是整数形式的，但被编译器当作一个地址，而不是一个一般的数值。在 32 位系统里，所有类型的地址都是一个 32 位整数，因为 32 位系统里内存地址全都是 32 位长。从指针变量所存放的地址值所代表的那个内存地址开始，长度为 sizeof（指针变量的基类型）的一片内存区，就是指针变量所指向的内存区。

（4）指针变量本身所占据的内存区

指针变量本身占了多大的内存？所有指针变量本身所占的存储大小都是一样的，其值等于 sizeof(int)。

既然指针变量也和普通变量一样占有内存空间，那么也可以使用&获取它的地址。如果一个指针指向的是另外一个指针，我们就称它为二级指针，或者指向指针的指针。

假设有一个 int 类型的变量 a，p1 是指向 a 的指针变量，p2 又是指向 p1 的指针变量，它们的关系如图 9-4 所示。

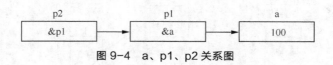

图 9-4　a、p1、p2 关系图

将这种关系转换为 C 语言代码：

```
int a = 100;
int *p1 = &a;
int **p2 = &p1;
```

C 语言不限制指针的级数，每增加一级指针，在定义指针变量时就得增加一个星号*。p1 是一级指针，指向普通类型的数据，定义时有一个*；p2 是二级指针，指向一级指针 p1，定义时有两个*。如果希望再定义一个三级指针 p3，让它指向 p2，那么可以这样写：

```
int ***p3 = &p2;
```

反过来，想要获取指针指向的数据时，一级指针加一个*，二级指针加两个*，三级指针加三个*，以此类推。比如：***p3 等价于* (* (*p3))。p3 是 p2 的地址，*p3 得到的是 p2 的值，也即 p1 的地址；* (*p3) 即为*p2，得到的是 p1 的值，也即 a 的地址；经过三次"取值"操作后，* (* (*p3)) 得到的才是 a 的值。

（二）运算指针变量

指针变量的运算和我们之前已经熟知的赋值、算术、比较等运算有很大的不同，在使用指针变量时要引起注意。

1. 给指针变量赋值

给指针变量赋值操作中要强调的是赋值号两侧类型的一致性。看以下例子：

```
int a = 100;
int *p;
p = &a;        //给指针变量p赋值
```

指针变量 p 的类型是 int *，是一个整型数据的地址，p 所指的类型为 int，这就要求右侧给出的地址必须是一个整型的地址，比如这里的&a。其中的&是取地址运算符，只能作用于变量和数组元素，不可应用于表达式、常量或 register 变量。

再比如：

```
int   a, b, *pa, *pb;
double *pf;
a = 12;
b = 18;
pa = &a;
pb = &b;
pb = pa;
```

本例中 pa、pb 具有相同的类型，它们之间可以相互赋值。图 9-5 中横向的箭头表明 pa 和 pb 初始分别指向 a 和 b，*pa 和*pb 分别可以完全等同于 a 和 b。后来给 pb 重新赋值，pa 的值（a 的地址）赋值给 pb，pb 也指向了 a（斜向箭头所示）。

在这里，pf = pa;是不允许的。因为 pa 是 int 型指针，而 pf 是 double 型指针。那么此时 pf 中存在不定值。为了避免不定值指针变量带来的风险，可以作以下赋值：

```
pf = NULL;
```

NULL 是在头文件 stdio.h 中预定义的常量，其值为 0，当执行上述赋值语句后，pf 为空指针。由于 NULL 值为 0，以上语句等价于 pf = 0;或者 pf = '\0';。这时，pf 并不是指向地址为 0 的字节，而是一个确定值——"空"，如果试图用空指针访问一个存储单元，会得到出错信息。

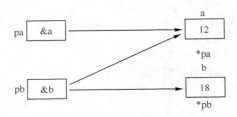

图 9-5　指针变量赋值示例

2. 通过指针变量引用存储单元

C 语言提供了一个称作"间接访问运算符"的单目运算符"*"，当指针变量中存放了确定的地址值后，就可以用间接访问运算符引用该指针变量所指的存储单元。

```
int a = 100;
int *p = &a;
```

p 获得了 a 的地址，p 就指向了 a，那么*p 就与 a 这个存储单元等价，如图 9-6 所示。

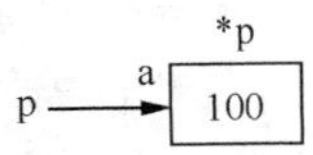

间接访问运算符*必须出现在运算对象左侧，运算对象可以是指针变量或者是其他表示地址的量。

图 9-6　引用存储单元示例

先看以下例子：

```
#include <stdio.h>
int main()
{
    int a = 15;
    int *p = &a;
    printf("%d, %d\n", a, *p);    //两种方式都可以输出a的值
```

```
    return 0;
}
```

假设变量 a、p 的地址分别为 0X1000、0XF0A0，它们的指向关系如图 9-7 所示。

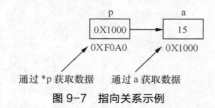

图 9-7　指向关系示例

CPU 读写数据必须要知道数据在内存中的地址，普通变量和指针变量都是地址的助记符，虽然通过*p 和 a 获取到的数据一样，但它们的运行过程稍有不同。a 只需要一次运算就能够取得数据，是"直接访问"：通过地址 0X1000 直接取得它的数据，只需要一步运算。而*p 要经过两次运算，是"间接访问"：要先通过地址 0XF0A0 取得变量 p 本身的值，这个值是变量 a 的地址，然后再通过这个值取得变量 a 的数据，前后共有两次运算。

再看第二个例子：

```
#include <stdio.h>
int main()
{
    int a = 15, b = 99, c = 222;
    int *p = &a;    //定义指针变量
    *p = b;    //通过指针变量修改内存上的数据
    c = *p;    //通过指针变量获取内存上的数据
    printf("%d, %d, %d, %d\n", a, b, c, *p);
    return 0;
}
```

本例中的第 6 行和第 7 行，*p 分别作为赋值的左值和右值，分别对应数据的写和读操作，它完全等效于 p 所指的变量 a，可以出现在任何所指变量可以出现的地方。所以这两行也可以写作：

```
a = b;
c = a;
```

在我们目前所学到的语法中，星号*主要有三种用途，总结如下。

➢ 表示乘法，是运算符。例如 int a = 3, b = 5, c;　c = a * b;，这是最容易理解的。

➢ 表示定义一个指针变量，是说明符，以此和普通变量区分开。例如 int a = 100;　int *p = &a;。

➢ 表示引用指针指向的存储单元，是运算符，例如 int a, b, *p = &a; *p = 100; b = *p;。

微课：运算指针
变量

3. 指针的算术运算

指针可以加上或减去一个整数，指针的这种运算的意义和通常的数值的加减运算的意义是不一样的。

先来看以下例子：

```
#include <stdio.h>
int main()
{
```

```
int      a = 10,   *pa = &a;
double b = 99.9, *pb = &b;
char     c = '@',  *pc = &c;
//最初的值
printf("&a=%#X, &b=%#X, &c=%#X\n", &a, &b, &c);
printf("pa=%#X, pb=%#X, pc=%#X\n", pa, pb, pc);
//加法运算
pa++; pb++; pc++;
printf("pa=%#X, pb=%#X, pc=%#X\n", pa, pb, pc);
//减法运算
pa -= 2; pb -= 2; pc -= 2;
printf("pa=%#X, pb=%#X, pc=%#X\n", pa, pb, pc);

return 0;
}
```

输出结果：

```
&a=0X18FF44, &b=0X18FF34, &c=0X18FF2C
pa=0X18FF44, pb=0X18FF34, pc=0X18FF2C
pa=0X18FF48, pb=0X18FF3C, pc=0X18FF2D
pa=0X18FF40, pb=0X18FF2C, pc=0X18FF2B
```

从运算结果可以看出：pa、pb、pc 每次加 1，它们的地址分别增加 4、8、1，正好是 int、double、char 类型的长度（在 VC++6.0 环境下，int 型占 4 字节）；减 2 时，地址分别减少 8、16、2，正好是 int、double、char 类型长度的 2 倍。这是怎么计算的呢？

以 a 和 pa 为例，a 的类型为 int，占用 4 个字节，pa 是指向 a 的指针，如图 9-8（a）所示。

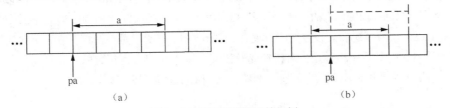

（a）　　　　　　　　　　　　　　　　（b）

图 9-8　指针的算术运算示例

刚开始的时候，pa 指向 a 的首地址，通过 *pa 引用 a 时，从 pa 指向的位置向后数 4 个字节，把这 4 个字节的内容作为要访问的存储空间，这 4 个字节也正好是变量 a 占用的内存。

pa++;如果只是字节+1，那么*pa 所引的 4 个字节中三个是 a 变量的，最后一个是其他数据的，如图 9-8（b）所示，很显然这样毫无意义。

实际上，编译器是这样处理的：它把指针 pa 的值加上了 sizeof(int)，在 32 位系统中，是被加上了 4。由于地址是用字节作单位的，故 pa 所指向的地址由原来的变量 a 的地址向高地址方向增加了 4 个字节。这正好能够完全跳过整数 a，指向它后面的内存，如图 9-9 所示。

即指针变量 +1，加的是 1 个存储单元，至于这 1 个存储单元多大，则取决于指针变量所指的类型（基类型），这里的 int 型 1 个存储单元 4 字节，double 型 1 个存储单元 8 字节，char 型 1 个存储单元 1 字节。

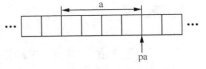

图 9-9　指针的算术运算示例

我们知道，数组中的所有元素在内存中是连续排列的，如果一个指针指向了数组中的某个元素，那么加 1 就表示指向下一个元素，减 1 就表示指向上一个元素，这样指针与整数的加减运算就具有了现实的意义。

不过 C 语言并没有规定变量的存储方式，如果连续定义多个变量，它们有可能是挨着的，也有可能是分散的，这取决于变量的类型、编译器的实现以及具体的编译模式，所以对于指向普通变量的指针，我们往往不进行加减运算，虽然编译器并不会报错，但这样做没有意义，因为不知道它后面指向的是什么数据。

另外需要说明的是，不能对指针变量进行乘法、除法、取余等其他算数运算，除了会发生语法错误，也没有实际的含义。

4. 两个指针相减

和指针加上或减去一个整数的算术运算一样，两个指针相减，只有在存储单元是连续的情况下，比如数组元素，才有意义，此时两个指针指向同一数组的不同元素，相减的结果等于它们之间间隔的存储单元个数（或元素个数），即是两个指针值(地址) 相减之差再除以该数组元素的长度（类型的字节数）。

比如：假设你家住在某大街 118 号，你同学家在 122 号，每家之间的地址间距是 2（在这一侧用连续的偶数作为街道地址），那么你同学家就是你家往前第（122-118）/2（得 2）家。指针之间的减法运算和上述方法是相同的。

如果两个指针不是指向同一个数组，它们相减就没有意义。另外，需要注意的是，C 语言本身无法防止非法的指针减法运算，即使其结果可能会给程序带来麻烦，C 语言也不会给出任何提示或警告。

5. 指针的比较运算

和指针加上或减去一个整数的算术运算一样，两个指针的比较运算，只有在存储单元是连续的情况下，比如数组元素，才有意义，此时两个指针指向同一数组的不同元素，它们之间的比较实际上是地址的比较，所遵循的原则是：指向前面的元素的指针"小于"指向后面的元素的指针，指向相同元素的指针"相等"。

指针变量还可以与 0 比较。设 p 为指针变量，则 p == 0 表明 p 是空指针，它不指向任何变量；p!=0 表示 p 不是空指针。空指针是由对指针变量赋予 0 值或 NULL 而得到的。

同样的，如果两个指针不是指向同一个数组，它们相减就没有意义。

任务二　使用指针操作数组

⊕ 任务要求

小明已经知道了如何使用指针变量来间接访问一个变量，也知道了指针变量的算术运算、指针相减、指针比较等运算都要在指针指向数组的情况下才有意义，那么如何使用指针操作数组呢？

本任务将要介绍如何使用指针变量去访问数组元素，如何准确使用元素下标运算符[]和间接访问运算符*。

⊕ 任务实现

（一）使用指针操作一维数组

C 语言的数组是一系列具有相同类型的数据的集合，每一份数据叫作一个数组元素。数组中的所有元素在内存中是连续存放的，整个数组占用的是一块连续内存。以 int a[] = { 99, 15, 100, 888, 252 };为例，该数组在内存中的分布如图 9-10 所示。

| 99 | 15 | 100 | 888 | 252 |

图 9-10　数组在内存中的分布示例

定义数组时，要给出数组名和数组长度，数组名的本意是表示整个数组，也就是表示多份数据的集合，但在使用过程中经常会当作指向数组第 0 个元素的指针，也就是数组所占一串连续存储单元的首地址，即第 0 个元素的地址称为数组的首地址。定义数组时的类型即是此指针的基类型，而且，这个指针的值是不可改变的，所以不可以给数组名赋值，数组名被认为是指针常量。

还以下面的定义为例：

```
int a[10], b[20],x;
```

那么 a = &x，b = a，a++这些表达式都是错误的，一旦数组定义完成，a 永远是 a 数组的首地址，指向首元素。

既然数组名是一个首地址，那么任务一所述的指针运算同样适用于数组名。

如要通过键盘输入数组各元素值：

```
for(i = 0; i < 10; i++)
    scanf("%d", a + i);
```

在这里 a + i 和以前数组输入时所用的&a[i]是等价的。

1. 使用数组名引用数组元素

微课：使用指针操作一维数组

如有以下数组定义：int a[10];

在项目七中已经充分学习了用数组名和下标运算符 a[i]来访问数组元素，这里采用指针运算的方式来引用。

a 视作数组的首地址，即&a[0]，指向 a[0]，a + 1 即为 a[1]的地址&a[1]，指向 a[1]……a + 9 即为 a[9]的地址&a[9]，指向 a[9]。

在任务一中已经看到，间接访问运算符*可以引用指针所指的存储单元，因此对数组元素 a[0]可以用*（&a[0]）来引用，也可用*a 来引用，*a 也可写成*（a + 0）。同理，a[5]可以有*&a[5]、*（a + 5）的引用形式。因此，输出数组全部元素可以是：

```
for(i = 0; i < 10; i++)
    printf("%d", a[i]);
```

或

```
for(i = 0; i < 10; i++)
    printf("%d", * (a + i));
```

这两者中的 a[i]和*（a + i）完全是等效的。

2. 使用指针变量引用数组元素

定义一个指向数组元素的指针变量的方法，与以前介绍的指针变量相同，其基类型与定义数组的类型相同。

例如：

```
int a[10];      /* 定义a为包含10个整型数据的数组 */

int *p;         /* 定义p为指向整型的指针 */
```

给指针变量赋值：

```
p = a;          /* p获得a数组的首地址 */
```

当然 p = &a[0];，或初始化 int *p = a;也是可以的，p 和 a 一样，指向了数组首元素，因此也可以用间接访问运算符*来引用数组元素，如图 9-11 所示。

对其中下标为 i 的元素 a[i]，p + i 是该元素的地址，指向该元素 a[i]，*(p + i)就代表了元素 a[i]。

因此，当指针变量 p 指向首元素时，输出数组全部元素可以是：

```
for(i = 0; i < 10; i++)
    printf("%d", *( p + i ));    //*( p + i )就代表了元素a[i]
```

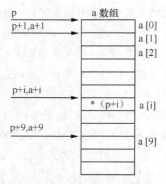

例 9-11　使用指针变量引用数组
元素示例

现在对数组元素 a[i]（i 介于 0 和 9 之间），&a[i]、a + i、p + i 都表示其地址，a[i]、*(a + i)、*(p + i)都表示 a[i]这个存储空间，a[i]与*(a + i)等效，同理，*(p + i)也可写成 p[i]。

事实上，C 语言中的[]不仅用作数组元素的下标运算，也用作指针的平移操作。因此，当指针变量 p 指向数组首元素时，下标为 i 的元素有 a[i]、*(a + i)、*(p + i)、p[i]四种表达。其中的 a 和 p 是有区别的：a 是数组名，视作指针常量，不可改变；p 是指针变量，可以改变，如 p++是可行的。

当然，指针变量 p 不一定是指向数组首元素的，比如：

```
int a[10];
int *p = &a[5];        /* 定义p为指向整型的指针，并指向a[5]元素 */
```

此时，

```
*( p + 2 ) 是p + 2所指的元素a[7]。
p[2]也是p + 2所指的元素a[7]。
*( p - 2 ) 是p - 2所指的元素a[3]。
p[-2]也是p - 2所指的元素a[3]。
```

3. 移动指针变量

前面所述的表达式 p + 2 或者 p-2，对指针变量 p 而言，都没有改变其值，而如果是 p++或 p = p-2 这种表达式，指针变量 p 的值发生变化，称之为移动指针变量，使得 p 指向别的数组元素，移动量就是所加或所减的整数个存储单元，详细计算过程见任务一的"指针的算术运算"。比如：

```
int a[10];
int *p = a + 2;    //p初始指向元素a[2]
```

则：

p++：向高位移动指针变量 p，移动量为 1 个存储单元，p 指向了 a[3]；

p--：向低位移动指针变量 p，移动量为 1 个存储单元，p 指向了 a[1]；

p = p + 2：向高位移动指针变量 p，移动量为 2 个存储单元，p 指向了 a[4]；

p = p - 2：向低位移动指针变量 p，移动量为 2 个存储单元，p 指向了 a[0]。

因此，当指针变量 p 指向 a 数组首元素时，输出数组全部元素也可以写成是：

```
for(i = 0; i < 10; i++)
    printf("%d", *( p++ ));
```

或者：

```
for(p = a; p - a < 10; p++)
    printf("%d", *p);
```

或者：

```
for(p = a + 9; p >= a; p--)
    printf("%d", *p);
```

最后，总结一下几个容易混淆的表达式：*p++、*++p、(*p)++。

```
比如int a[10];
    int *p = a + 5;
```

*p++等价于 * (p++)，表达式 p++的值是 p 的原值，即 p++指向 a[5]，*p++等同于 a[5]，再将 p 指向下一个元素（向高位移动一个元素，指向 a[6]）。

*++p 等价于 * (++p)，表达式++p 的值是 p 的新值，指向下一个元素 a[6]，所以*++p 等同于 a[6]。

(*p)++ 就非常简单了，会先取得第 a[5]个元素的值，并将此值作为表达式(*p)++的值，再对该元素的值加 1，没有移动指针变量 p。

（二）使用指针操作二维数组

二维数组在概念上是二维的，有行和列，但在内存中所有的数组元素都是连续排列的，它们之间没有"缝隙"。以下面的二维数组 a 为例：

```
int a[3][4] = { {0, 1, 2, 3}, {4, 5, 6, 7}, {8, 9, 10, 11} };
```

从概念上理解，a 的分布像一个矩阵或一张表格：

```
0    1    2    3
4    5    6    7
8    9    10   11
```

但在内存中，a 的分布是一维线性的，整个数组占用一块连续的内存：

0	1	2	3	4	5	6	7	8	9	10	11

C 语言中的二维数组是按行存放的，也就是先存放 a[0]行，再存放 a[1]行，最后存放 a[2]行；每行中的 4 个元素也是依次存放的。数组 a 为 int 类型，以每个元素占用 4 个字节来说明，整个数组共占用 4×(3×4) = 48 个字节。

1. 使用数组名引用数组元素

C 语言在使用二维数组时，可以把二维数组分解成多个一维数组来处理，即把二维数组视作由一维数组作为元素构成的一维数组，依次类推，三维数组就是由二维数组作为元素构成的一维数组……

对于上述定义的二维数组 a，它可以理解成一个 3 个元素的一维数组，分别是 a[0]、a[1]、a[2]。每一个元素又是一个一维数组，分别包含了 4 个元素，例如 a[0]是包含 a[0][0]、a[0][1]、a[0][2]、a[0][3] 这四个元素的一维数组名。那么就可以按照前述一维数组的办法示意该二维数组，假设数组 a 中第 0 个元素的地址为 1000，如图 9-12 所示。

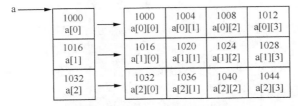

例 9-12 　使用数组引用数组元素

在这里需要引起注意的是：

① a[0]、a[1]、a[2]这三个元素构成的一维数组是虚设的；

② 关于二维数组名 a 的认识：二维数组名 a 也认为是一个指针常量，其值等于二维数组首元素 a[0][0]的地址，同时，虚设的一维数组名 a[0]，其值也是首元素 a[0][0]的地址。但这两个指针的基类型是不一样的，a[0]的基类型是 int，而 a 的基类型是 4 个整型元素的数组类型 int[4]，即二维数组名应理解为一个行指针。

因此，在表达式 a + 1 中，1 个存储单元应该是 4×4=16 个字节，跨过一整行，指向 a[1]。

在表达式 a[0] + 1 中，1 个存储单元应该是 4 个字节，跨过一个元素，指向 a[0][1]。

基于这样的认识，二维数组某个元素 a[i][j]的地址可以表示成以下形式：

&a[i][j]

a[i] + j

*(a + i) + j

&a[0][0] + 4 * i + j

a[0] + 4 * i + j

那么相对应地，元素的表达形式可以是：

a[i][j]

*(a[i] + j)

*(*(a + i) + j)

*(&a[0][0] + 4 * i + j)

*(a[0] + 4 * i + j)

又或者：

*(a + i)[j]

2. 使用指针变量引用数组元素

前面已述二维数组名 a 的基类型是 4 个整型元素的数组类型 int[4]，即二维数组名应理解为一个行指针。所以指向二维数组的指针变量应该如下定义：

int a[3][4];

int (*p)[4];

括号中的*表明 p 是一个指针，指向一个数组（或指向一行），数组的类型为 int [4]，这正是 a 所包含的每个一维数组的类型。所以 p 也称之为数组指针（或行指针）。

二维数组指针变量说明的一般形式为：

类型说明符　(* 指针变量名)[长度]

其中，"类型说明符"为所指数组的数据类型。"*"表示其后的变量是指针类型。"长度"表示二维数组分解为多个一维数组时，一维数组的长度，也就是二维数组的列数。由于[ ]的优先级高于*，所以( )是必须要加的，如果缺少括号，则表示指针数组(后续小节马上介绍)，意义就完全不同了。

基于以上的定义，p 和 a 的基类型相同，因此可以有以下赋值语句：

p = a;

这样使得指针变量 p 指向了 a 数组的开头，对于数组元素 a[i][j]的引用又有了以下的形式：

(p[i] + j)　　　　　对应于(a[i] + j)

*(*(p + i) + j)　　　对应于*(*(a + i) + j)

| (* (p + i))[j] | 对应于(* (a + i))[j] |
| p[i][j] | 对应于a[i][j] |

当然，由于 p 是指针变量，如果有以下赋值：

p = a + 1;

那么：

| p[1][2] | 对应于元素a[2][2] |
| p[−1][3] | 对应于元素a[0][3] |

3. 使用指针数组引用数组元素

如果一个数组的元素值都是指针，则该数组是指针数组。指针数组是一组有序的指针的集合，其所有元素都必须是具有相同存储类型和指向相同数据类型的指针变量。

指针数组说明的一般形式为：

类型说明符 * 数组名[数组长度];

其中，类型说明符为指针值所指向的变量的类型。例如：

int *p[3];

表示 p 是一个指针数组，它有三个数组元素，每个元素值都是一个指针，指向整型变量，即其基类型为 int，这与二维数组分解中出现的 a[0]、a[1]、a[2]的基类型一致，因此，可以将 a[0]、a[1]、a[2]的值依次赋值给 p 数组的三个元素：

for(i = 0; i < 3; i++)
p[i] = a[i];

这个循环赋值的执行结果使得 p[0]、p[1]、p[2]三个元素分别指向二维数组各行的开头元素。对于数组元素 a[i][j]的引用又有了以下形式：

* (p[i] + j)	对应于* (a[i] + j)
* (* (p + i) + j)	对应于* (* (a + i) + j)
(* (p + i))[j]	对应于(* (a + i))[j]
p[i][j]	对应于a[i][j]

似乎与上一小节的表达形式一样。注意，只有形式是一样的，这里的 p 是数组名，而上一小节的 p 是指针变量，因此这里被赋值的是数组元素，而上一小节被赋值的是指针变量本身。

如果有如下赋值：

p[0] = a[0];
p[1] = a[2];
p[2] = a[1];

那么* (* (p + 1) + 2)	等价于 * (p[1] + 2)
	也等价于p[1][2]
	也等价于a[2][2]

任务三　使用指针操作函数

任务要求

小明在学习指针来操作变量或数组的过程中产生了困惑：指针无非是增加了一种间接访问方式，但之前用直接访问的方式引用变量和数组也挺方便的,为什么还非得引入指针的引用方式呢？在本任务中，函数的参数、返回值等以指针形式出现，将会看到指针便利性和作用的一大方面。

本任务要求掌握 C 语言中指针形的参数、指针形式的返回值以及指向函数的指针等的定义和使用。

🔍 **任务实现**

（一）使用指针作函数参数

函数的参数不仅可以是整型、实型、字符型等基本数据类型，还可以是指针类型。此时，函数的形参是一个指针变量，调用该函数时对应的实参就必须是基类型相同的地址值，可以是变量地址、数组元素地址或同类型的指针变量、数组名等。用指针变量作函数参数可以将函数外部的地址传递到函数内部，使得在函数内部可以操作函数外部的数据，并且这些数据不会随着函数的结束而被销毁。

像数组、字符串等都是一系列数据的集合，没有办法通过一个参数全部传入函数内部，只能传递它们的指针，在函数内部通过指针来影响这些数据集合。有时，对整数、实数、字符等基本类型数据的操作，也必须要借助指针，一个典型的例子就是交换两个变量的值。

1. 普通变量的地址作函数实参

对照以下两个程序例子：

```
#include <stdio.h>
void Swap1(int a, int b)
{
    int   temp;      //临时变量
    temp = a;
    a = b;
    b = temp;
}
int main()
{
    int a = 5, b = 9;
    Swap1(a, b);
    printf("a = %d, b = %d\n", a, b);
    return 0;
}
```

运行结果：

```
a = 5, b = 9
```

从结果可以看出，a、b 的值并没有发生改变，交换失败。这是因为 Swap1()函数内部的 a、b 和 main()函数内部的 a、b 是不同的变量，占用不同的内存，它们除了名字一样，没有其他任何关系，Swap1()交换的是它内部 a、b 的值，不会影响它外部（main()内部）a、b 的值。在项目八中把这种结果总结为"形变实不变"。再来看指针变量作参数后的结果：

```
#include<stdio.h>
void   Swap2(int *p1, int *p2)
{
    int   temp;
```

```
        temp = *p1;
        *p1 = *p2;
        *p2 = temp;
    }
int   main()
{
        int a = 5, b = 9;
        int *pointer_1, *pointer_2;
        pointer_1 = &a;
        pointer_2 = &b;
        Swap2(pointer_1, pointer_2);
        printf("a = %d, b = %d\n",a,b);
        return 0;
}
```

运行结果：

```
a = 9, b = 5
```

调用 Swap2()函数时，将变量 a、b 的地址分别通过指针变量 pointer_1、pointer_2 传递给形参变量 p1、p2（函数调用也可以写成 Swap2(&a，&b);），这样*p1、*p2 代表的就是变量 a、b 本身，交换*p1、*p2 的值也就是交换 a、b 的值。函数运行结束后虽然会将 p1、p2 销毁，但它对外部 a、b 造成的影响是"持久化"的。下面的左右两张图分别代表函数执行前后的内存示意图，如图 9-13 所示。

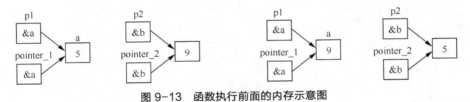

图 9-13　函数执行前面的内存示意图

那么这里还有"形变实不变"吗？事实上还是有的。上面 Swap2()函数执行后，实参 pointer_1 和 pointer_2 的值并没有发生改变，还依然是&a 和&b，改变的是实参或形参所指向的存储单元（a 和 b）的值。譬如说有以下函数：

```
void   Swap3(int *p1, int *p2)
{
        int   *p;
        p = p1;
        p1 = p2;
        p2 = p;
}
```

Swap3()函数运行前后的内存示意图分别如图 9-14（a）和图 9-14（b）所示。在示意图中可以清晰地看到，形参变量的值发生了改变，而实参变量的值并没有变化。

跟普通变量等同的还有数组的某个元素，如有数组 int a[10];则 a[3]代表数组中的一个存储单元，和一个普通变量一样，&a[3]也是该存储单元的地址，也可以作为函数的实参，将该元素的地址传递给形参变量，从而通过形参变量来引用该存储单元，达到修改该存储单元值的目的。

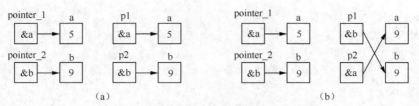

图 9-14　Swap3()函数运行前后的内存示意图

2．数组名作函数实参

数组是一个数据的集合，无法通过参数将它们一次性传递到函数内部，如果希望在函数内部操作数组，必须传递数组指针。在任务二中我们已经看到数组名被认作是数组的首地址，如果将数组名作为函数的实参，那么形参变量 p 将获得数组的首地址，按照前面所学的方式，p[i]、*(p + i)也将作为数组元素的合法引用方式进行编程使用。

比如要编写函数将一个数组元素的逆置存放于本数组内：

算法思路：将 a[0]与 a[n-1]对换，再 a[1]与 a[n-2]对换……直到将 a[(n-1/2)]与 a[n-int((n-1)/2)]对换。用循环处理此问题，设两个"位置指示变量"i 和 j，i 的初值为 0，j 的初值为 n-1。将 a[i]与 a[j]交换，然后使 i 的值加 1，j 的值减 1，再将 a[i]与 a[j]交换……

```c
void Inverse(int *arr, int n)
{
    int temp, i, j, m = (n − 1) / 2;
    for(i = 0, j = n − 1; i <= m; i++, j--)
    {
        temp = arr[i];
        arr[i] = arr[j];
        arr[j] = temp;
    }
}
```

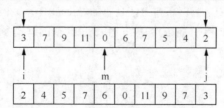

主函数设计如下：

```c
int   main()
{
    int i, a[]={3, 7, 9, 11, 0, 6, 7, 5, 4, 2};
    int len = sizeof(a) / sizeof(int);
    printf("原来的数组为:");
    for(i = 0; i < len; i++)
        printf("%d,", a[i]);
    printf("\n");
    Inverse(a, len);
    printf("逆置后数组为:");
```

```
    for(i = 0; i < len; i++)
        printf("%d,",a[i]);
    printf("\n");
    return 0;
}
```

运行结果：

原来的数组为：3，7，9，11，0，6，7，5，4，2

逆置后数组为：2，4，5，7，6，0，11，9，7，3

指针形参 arr 仅仅是一个指向数组的指针，在函数内部无法通过这个指针获得数组长度，所以在数组名作函数参数时，一般都额外需要有第二个参数 int n，通过这个参数将数组长度传递到函数内部。

一般，用数组名作函数参数时，参数也能够以"真正"的数组形式给出。例如将函数首部写成以下形式：

```
void Inverse(int arr[10], int n)
```

或者

```
void Inverse(int arr[ ], int n)
```

int arr[10]好像定义了一个拥有 10 个元素的数组，调用 Inverse ()时可以将数组的所有元素"一股脑"传递进来。int arr[]虽然定义了一个数组，但没有指定数组长度，好像可以接受任意长度的数组。但实际上这两种形式的数组定义都是假象，不管是 int arr[10]还是 int arr[]都不会创建一个数组，编译器也不会为它们分配内存，实际的数组是不存在的，它们最终还是会转换为 int *arr 这样的指针。这就意味着，两种形式都不能将数组的所有元素"一股脑"传递进来，传递的还是数组名所代表的首地址。

如果函数调用时没有给出数组首地址，而是给出的某元素地址，那情况又将如何呢？比如在调用 Inverse ()时有如下形式：

```
Inverse(&a[3], 5);
```

那么运行结果将是：

原来的数组为：3，7，9，11，0，6，7，5，4，2

逆置后数组为：3，7，9，5，7，6，0，11，4，2

可以看到，逆置的将是从 a[3]元素开始的 5 个元素。

另外，如果数组是二维数组，情况也是类似的：

如有二维数组：

```
int    a[3][5];
```

把数组名作函数实参，那么所调用函数的首部应该写成类似于以下样子：

```
fun(int (*a)[5])
fun(int a[][5])
fun(int a[3][5])
```

微课：使用指针实现函数间数据传递

从中可以看到，列数下标不可或缺。不管哪种形式，编译器都把形参 a 处理成行指针，接收从实参处传递过来的二维数组首地址。

那么，C 语言为什么不允许直接传递数组的所有元素，而必须传递数组指针呢？

参数的传递本质上是一次赋值的过程，赋值就是对内存进行复制。所谓内存拷贝，是指将一块内存上的数据复制到另一块内存上。对于像 int、double、char 等基本类型的数据，它们占用的内存往往只有几个字节，对它们进行内存拷贝非常快速。而数组是一个数据的集合，数据的数量没有限制，可能很少，也可能成千上万，对它们进行内存拷贝有可能是一个漫长的过程，会严重拖慢程序的效率，为了防止程序员写出的代码过于低效，C 语言没有从语法上支持数据集合的直接赋值。

（二）使用返回指针的函数

前面我们已经知道，函数的类型即为函数返回值类型，C 语言允许函数的返回值是一个指针（地址），我们将这样的函数称为返回指针的函数，简称为指针型函数。

定义指针型函数的一般形式为：

```
类型说明符 * 函数名(形参表)
{
    ……              /* 函数体 */
}
```

我们注意到和之前所定义的函数相比，就是在函数名之前加了"*"号表明这是一个指针型函数，即返回值是一个指针，类型说明符表示了返回的指针值的基类型，也可以说函数的返回值类型是：类型说明符*。

如：

```
int * f(int x, int y)
{
    ……              /* 函数体 */
}
```

表示函数 f 是一个返回指针值的指针型函数，它返回的指针指向一个整型变量。

用指针作为函数返回值时需要注意的一点是，函数运行结束后会销毁在它内部定义的所有局部数据，包括局部变量、局部数组和形式参数，函数返回的指针请尽量不要指向这些数据，C 语言没有任何机制来保证这些数据会一直有效，它们在后续使用过程中可能会引发运行错误。请看下面的例子：

```
#include <stdio.h>
int  * f()
{
    int n = 100;
    return  &n;
}
int  main()
{
    int *p = f();
    printf("value = %d\n", *p);
    return 0;
}
```

运行结果：

```
value = 100
```

f()函数返回了 f 函数内的局部变量 n 的地址，并赋值给指针变量 p，即 p 指向了 n（但函数调用结束后 n 的内存空间销毁了）。但从结果上看，似乎没有发生上面所述的错误。f() 运行结束后 *p 依然可以获取局部变量 n 的值，这与上面的观点不是相悖吗？再看下面的例子：

```
#include <stdio.h>
int   * f()
{
    int n = 100;
    return &n;
}
int main()
{
    int *p = f();
    printf("Hello！\n");        //增加了一条语句
    printf("value = %d\n", *p);
    return 0;
}
```

运行结果：

Hello！
value = −2

可以看到，现在 p 指向的数据已经不是原来 n 的值了，它变成了一个毫无意义的值。与前面的代码相比，该段代码仅仅是在使用*p 之前增加了一个函数调用，这一细节的不同却导致运行结果有天壤之别，究竟是为什么呢？

前面我们说函数运行结束后会销毁所有的局部数据，但是，这里所谓的销毁并不是将局部数据所占用的内存全部抹掉，而是程序放弃对它的使用权限，弃之不理，后面的代码可以随意使用这块内存。对于上面的两个例子，f()函数运行结束后 n 的内存依然保持原样，值还是 100，如果使用及时也能够得到正确的数据（前一例子在函数调用后立即使用*p 抢先获得了 n 的值，输出显示为 100），如果有其他函数被调用，就会覆盖这块内存，得到的数据就失去了意义（后一例子有其他函数被调用后才使用 *p 获取数据，这个时候已经晚了，内存已经被后来的函数覆盖了，输出显示无意义的数）。

因此，在我们定义返回指针的函数时，常常具有以下形式：

```
类型符   * f(int   *p)
{
    ......
    return   p;
}
```

这时返回的是形参 p，虽然 p 是形参，但其值是通过实参传递过来的地址，即函数返回的地址来自函数之外，不受本函数影响。

（三）使用指向函数的指针

在项目八中我们已经看到，函数也占有一片连续的内存空间，在 C 程序中，函数名会被视作该函数所在内存区域的入口地址，或者首地址，我们可以把函数的这个首地址（或称入口地址）赋予一个指针变量，使指针变量指向函数所在的内存区域，然后通过指针变量就可以找到并调用该函数。这种指针就是指向函数的指针，或简称为函数指针。

函数指针变量定义的一般形式为：

```
类型说明符   (*指针变量名)(函数参数列表);
```

其中，"类型说明符"表示被指函数的返回值的类型，"(* 指针变量名)"表示"*"后面的变量是定义的指针变量，注意括号不可省略。最后的一对括号中的参数列表表示被指函数的参数列表，可以同时给出参数的类型和名称，也可以只给出参数的类型，省略参数的名称，这一点和函数原型类似。

```c
#include <stdio.h>

int Max(int a, int b)
{
    return a > b  ?  a : b;
}
int Min(int a, int b)
{
    return a < b ? a : b;
}

int main()
{
    int x = 5, y = 9, m;
    //定义函数指针
    int (*p)(int, int);   //也可以写作int (*p)(int a, int b)

    p = Max;  //将Max函数地址赋值给p，p指向Max
    m = (*p)(x, y);    //等价于m = Max(x, y);
    printf("Max value = %d\n", m);

    p = Min;  //将Min函数地址赋值给p，p指向Min
    m = (*p)(x, y);     //等价于m = Min(x, y);
    printf("Min value = %d\n", m);

    return 0;
}
```

微课：使用指向函数的指针

运行结果：

```
Max value = 9
Min value = 5
```

从上述程序可以看出，函数指针变量形式调用函数的步骤如下。

① 先定义函数指针变量，如 main()中的 int (*p)(int, int);定义 p 为函数指针变量。

② 把被调函数的入口地址(函数名)赋予该函数指针变量，如 p = max。

③ 用函数指针变量形式调用函数，如 m = (*p)(x, y);调用 Max 函数，调用函数的一般形式为：

(*指针变量名) (实参表)

当然，因为 p 是变量，可以重新赋值，如 p = Min;，此时 p 指向了另一个函数，再有语句 m = (*p)(x, y);将调用的是另一个函数 Min。

如果定义的函数指针是形参，那么此时对应的实参应该是函数名。如定义以下例子：

```c
#include <stdio.h>
```

```
int Max(int a, int b)
{
    return a>b ? a : b;
}

int Min(int a, int b)
{
    return a<b?a:b;
}

int f(int (*p)(int, int), int x, int y)      //本函数的第一个形参是函数指针
{
    return (*p)(x, y);
}

int main()
{
    int x = 5, y = 9;

    printf("Max value = %d\n", f(Max, x, y));

    printf("Min value = %d\n", f(Min, x, y));

    return 0;
}
```

新增加的函数 f() 的第一个形参 int (*p)(int，int) 是一个函数指针，当 main() 中第一次调用 f 函数时，给出实参 Max，则 p 指向 Max 函数，*p 等同于 Max；第二次调用 f 函数时，给出实参 Min，则 p 指向 Min 函数，*p 等同于 Min。

应该特别注意的是，指向函数的指针变量和返回指针的函数这两者在写法和意义上的区别。如 int(*p)() 和 int *p() 是两个完全不同的量。

int (*p)() 是一个指针变量说明，说明 p 是一个指向函数入口的指针变量，该函数的返回值是整型量，(*p) 的两边的括号不能少。

int *p() 不是变量说明，而是函数说明，说明 p 是一个指针型函数，其返回值是一个指向整型量的指针，*p 两边没有括号。对于指针型函数定义，int *p() 只是函数首部，一般还应该有函数体部分。

（四）main 函数的参数

之前我们看到的 main() 函数都不带参数，一对 () 内什么都没写。实际上，main 函数可以带参数，这个参数可以认为是 main 函数的形式参数。C 语言规定 main 函数的参数只能有两个，第一个形参必须是整型变量，第二个形参必须是指向字符串的指针数组，并习惯上将这两个参数命名为 argc 和 argv（这种命名不是必须的，可以是其他参数名）。因此，main 函数的函数头应写为：

```
int   main (int argc,char *argv[])
```

由于 main 函数不能被其他函数调用，因此不可能在程序内部取得实际值。那么，main 函数的

形参于何处获得实参值呢？实际上，main 函数的参数值是从操作系统命令行上获得的。当运行一个可执行文件时，在 DOS 提示符下键入文件名，再输入实际参数即可把这些实参传送到 main 的形参中去。

DOS 提示符下命令行的一般形式为：

C:\>可执行文件名　参数　参数……

但是应该特别注意的是，main 的两个形参和命令行中的参数在位置上不是一一对应的。因为 main 的形参只有两个，而命令行中的参数个数原则上未加限制。argc 参数表示了命令行中参数的个数（注意：可执行文件名本身也算一个参数），argc 的值是在输入命令行时由系统按实际参数的个数自动赋予的。

例如有命令行：

C:\>E24　BASIC　foxpro　FORTRAN

由于文件名 E24 本身也算一个参数，所以共有 4 个参数，因此 argc 取得的值为 4。argv 参数是字符串指针数组，其各元素值为命令行中各字符串（参数均按字符串处理）的首地址。指针数组的长度即为参数个数。数组元素初值由系统自动赋予，如图 9-15 所示。

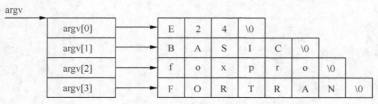

微课：认识 main
函数的参数

图 9-15　数组元素

（五）对指针的小结

指针就是内存的地址，C 语言允许用一个变量来存放指针，这种变量称为指针变量。指针变量可以存放基本类型数据的地址，也可以存放数组、函数以及其他指针变量的地址。

程序在运行过程中需要的是数据和指令的地址，变量名、函数名、字符串名和数组名在本质上是一样的，它们都是地址的助记符：在编写代码的过程中，变量名表示的是数据本身，而函数名、字符串名和数组名表示的是代码块或数据块的首地址；程序被编译和链接后，这些名字都会消失，取而代之的是它们对应的地址。

（1）指针变量可以进行加减整数运算，例如 p++、p+i、p-=i。指针变量的加减 1 运算并不是简单的加上或减去 1，而是加减 1 个存储单元大小，该大小取决于指针变量的基类型。因此，指针变量的加减只有在指针变量指向连续存储空间时才有意义。

（2）给指针变量赋值时，要将一份地址赋给它，不能直接赋给一个整数，例如 int *p = 1000;是没有意义的，使用过程中一般会导致程序崩溃。

（3）使用指针变量之前一定要初始化，否则就不能确定指针指向哪里，如果它指向的内存没有使用权限，程序就崩溃了。对于暂时没有指向的指针，建议赋值 NULL。

（4）两个指针变量可以相减。如果两个指针变量指向同一个数组中的某个元素，那么相减的结果就是两个指针之间相差的元素个数；也可以比较大小，此时指向后面元素的指针量较大。

（5）数组也是有类型的，数组名的本意是表示一组类型相同的数据。在定义数组时，或者和

sizeof 运算符一起使用时，数组名才表示整个数组，表达式中的数组名会被转换为一个指向数组的指针。

常用的指针变量定义汇总如表 9-1 所示。

表 9-1　常用指针变量的定义

定义	含义
int *p;	p 可以指向 int 类型的数据，也可以指向类似 int arr[5]的数组
int **p;	p 为二级指针，指向 int *类型的数据
int *p[n];	p 为指针数组。[]的优先级高于 *，所以应该理解为 int * (p[n]);
int (*p)[n];	p 为数组指针（行指针）
int *p();	p 是一个函数，它的返回值类型为 int *
int (*p)();	p 是一个函数指针，指向原型为 int f() 的函数

任务四　使用指针操作字符串

任务要求

小明在学习 C 语言过程中用得最多的数据类型就是 int 和 double，但实际上 C 语言中的 char 型数据同样非常重要，由 char 型数据构成的字符串在实际应用中尤为重要。

本任务要求掌握 C 语言中的字符数组、字符串，并重点掌握字符串的常见处理方式。

相关知识

（一）字符数组

字符数组是用来存放字符量的数组。它和我们经常使用的 int 型数组具有完全相同的定义、初始化、遍历等操作。

如数组定义：

```
char c1[10];         //c1为一维数组
char c2[5][10];      //c2为二维数组
```

如初始化：

```
char c1[5] = {'C', 'h', 'i', 'n', 'a'};
char c2[] = {'C', ' ', 'p', 'r', 'o', 'g', 'r', 'a', 'm'}; //c2数组的长度自动定为9
```

此时 c2 数组的存放情况：

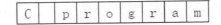

如遍历：

```
for(i = 0; i < sizeof(c2) / sizeof(char); i++)
        putchar(c2[i]);
```

可以看到，普通的字符数组和 int 型或 double 型数组的操作方式完全相同。

（二）字符串

在 C 语言中没有专门的字符串变量，通常用一个字符数组来存放一个字符串。所以把字符串概念描述为"包含空字符\0 的字符数组"。

前面介绍字符串常量时，已说明字符串总是以'\0'作为字符串的结束符。因此，当把一个字符串存入一个数组时，也把结束符'\0'存入数组，并以此作为该字符串是否结束的标志。有了'\0'标志后，字符串的操作就有了极大的便利。

C 语言允许用字符串的方式对字符数组作初始化赋值。

例如，字符数组的初始化可以按照逐字符的方式：

```
char c[] = {'C', ' ','p','r','o','g','r','a','m'};
```

可写为：

```
char c[] = {"C program"};
```

也可去掉{}写为：

```
char c[] = "C program";
```

用字符串方式赋值比用字符逐个赋值要多占一个字节，用于存放字符串结束标志'\0'。上面的数组 c 在内存中的实际存放情况为：

| c | C | | p | r | o | g | r | a | m | \0 |

这里还需要进一步认识一下字符串常量。

上面的例子将"C program"字符串常量存入数组 c，实际上字符串常量本身也占有内存中一块连续区域，并自动把'\0'附加到字符串尾部作为结束标志，也就是说，字符串常量本身是一个无名数组。在程序中，字符串常量会生成一个"指向字符的指针常量"，相当于是无名数组的首地址。当一个字符串常量出现在表达式中时，表达式所使用的值就是这个首地址，而不是这些字符本身。观察以下程序：

```
#include<stdio.h>
int main()
{
        char c[] = "C program";
        printf("%#x, %#x\n", c, "C program");
        return 0;
}
```

运行结果：

```
0x18ff3c, 0x422030
```

从结果可以看到，数组 c 的地址和字符串常量"C program"的地址是不一样的，各有自己的存储区域。给数组 c 初始化只是把字符串常量的内容填入数组。

因此，可以定义字符型的指针变量指向该字符串常量。

```
char    *p = "C program";
```

这里首先定义 p 是一个字符指针变量，然后把字符串的首地址赋予 p。

也可以用循环语句来遍历字符串：

```
#include<stdio.h>
```

微课：认识字
符串

```
int main()
{
    char st[20] = "C   program", *ps = "C   program";
    int i;

    for(i = 0; st[i] != '\0'; i++)
    {
        if(st[i] == 'a')
        {
            printf("字符'a' 在字符串中\n");
            break;
        }
    }
    if(st[i] == '\0')
        printf("字符'a' 不在字符串中\n");

    while(*ps != '\0')
    {
        if(*ps == 'a')
        {
            printf("字符'a' 在字符串中\n");
            break;
        }
        ps++;
    }
    if(*ps == '\0')
        printf("字符'a' 不在字符串中\n");

    return 0;
}
```

要注意的是，我们之前经常用类似于 sizeof(st) / sizeof(char)的表达式来确定数组元素个数，但这种形式在字符串中不常用。一般在字符串中用空字符'\0'来判断字符串是否已到结尾。

同时也要注意到，用字符数组和字符指针变量都可实现字符串的存储和运算，但是两者是有区别的，在使用时应注意以下两个问题。

① 字符串指针变量本身是一个变量，用于存放字符串的首地址，在初始化之后也可以重新赋值。字符数组是由若干个数组元素组成的，存放整个字符串的所有字符，在初始化之后就不能重新给数组名赋值了，但可以逐元素重新赋值。

② 用指针变量指向字符串常量，如上例中 char *ps = "C program"，则程序中不能修改该字符串，如出现*ps = 'b'；语句将会导致运行错误。而用字符数组存放字符串时，数组元素可以随意修改其值。

（三）字符串数组

如果有多个字符串，那么可以定义字符串数组，从而保存这些字符串或指向这些字符串。

（1）定义二维数组保存多个字符串：

```
char    s[][20] = {"Beijing", "Shanghai", "Tianjin", "Chongqing"};
```

二维数组的每一行分别存放一个字符串。

（2）定义字符型指针数组指向多个字符串：

```
char    *p[3] = {"one", "two", "three"};
```

数组的每一个元素都是指针，分别指向三个字符串常量。

任务实现

（一）输出字符串

字符串的输出有两个函数：

printf()：通过格式控制符%s 输出字符串。除了输出字符串，printf()还能输出其他类型的数据。

puts()：直接输出字符串，并且只能输出字符串。

1. printf()函数输出字符串

用 printf()函数输出字符串的一般形式为：

```
printf("%s", 需输出字符串的起始地址);
```

这里的地址可以是字符串或字符数组名，也可以是字符数组某元素地址，又或者是已指向字符串的指针变量。执行该语句时，将从该地址所指的元素开始输出，直到遇到第一个空字符'\0'为止。看以下输出程序：

```c
#include<stdio.h>
int main()
{
        char st[20] = "C   program";
        char *ps = st;

        printf("%s\n", st);              //输出项是数组名
        printf("%s\n", ps);              //输出项是指针变量
        printf("%s\n", "C program");     //输出项是字符串常量
        printf("%s\n", st + 3);          //输出项是某个元素地址
        printf("%s\n", &ps[4]);          //输出项是某个元素地址
        return 0;
}
```

输出结果：

```
C program
C program
C program
rogram
ogram
```

2. puts()函数输出字符串

用 puts()函数输出字符串的一般形式为：

```
puts(需输出字符串的起始地址)
```

执行该语句时，将从该地址所指的元素开始输出，直到遇到第一个空字符'0'为止，并自动输出一个换行符。即相当于：

```
printf("%s\n", 需输出字符串的起始地址);
```

请看以下例子：

```
#include<stdio.h>
int main()
{
        char   *s = "C   program";
        puts(s);
        puts(s++);
        puts(s+1);
        puts(++s);

        return 0;
}
```

运行结果：

```
C program
C program
program
program
```

微课：输入输出
字符串

（二）输入字符串

字符串的输入有以下两个函数。

scanf()：通过格式控制符%s 输入字符串。除了字符串，scanf()还能输入其他类型的数据。

gets()：直接输入字符串，并且只能输入字符串。

1. scanf()函数输入字符串

用 scanf()函数输出字符串的一般形式为：

```
scanf ("%s", 需存入字符串的起始地址);
```

这里的地址可以是字符数组名，也可以是字符数组某元素地址，又或者是已指向字符串的指针变量，不能是字符串常量。调用该函数时，键盘输入的字符依次存入以此起始地址为起点的存储单元，并自动在末尾加'\0'。如果起始地址是某元素地址，则输入的字符从该元素处开始存放；如果起始地址是指针变量，则该指针必须已指向确定的有足够空间的连续存储单元的数组。

请看以下例子：

```
#include<stdio.h>
int main()
{
        char st[20] = "abcdefg";
        char *ps = "abcdefg";

        //scanf("%s", ps);              //此语句会造成运行错误
        //scanf("%s", "C program");     //同样此语句会造成运行错误
```

```
        scanf("%s", st);
        puts(st);

        return 0;
}
```

此时如果键盘输入：C　program<CR>

则运行结果：

C

这是因为 scanf()函数读取到空格、回车符、跳格符时就认为是输入数据的分隔符，字符串输入结束了，不会继续读取了。因此，键盘输入的一串字符只有'C'字符被存入 st 数组，替换了原有的字符'a'，然后'b'字符被替换成'\0'，所以用 puts(st)；的输出结果是 C。

将上面程序改成如下样式：

```
#include<stdio.h>
int main()
{
        char st[20] = "abcdefg";

        scanf("%s", st);
        puts(st);

        scanf("%s", st);
        puts(st);

        return 0;
}
```

同样键盘输入：C　program<CR>

运行结果：

C
program

输入流 C　program 中，字符 C 作为第一次的输入语句进入数组 st，空格被认为是分隔符。流中的剩余字符 program 作为第二次输入存入数组 st。

2. gets()函数输入字符串

用 gets()函数输出字符串的一般形式为：

gets(需输出字符串的起始地址)

同样地，这里的地址可以是字符数组名，也可以是字符数组某元素地址，又或者是已指向字符串的指针变量，不能是字符串常量。调用该函数时，键盘输入的字符（包括空格符、跳格符）依次存入以此起始地址为起点的存储单元，直到读入一个换行符为止，换行符读入后不作为字符串内容，而是自动换成'\0'。

再次修改以上例子：

```
#include<stdio.h>
int main()
{
```

```
    char st[20] = "abcdefg";

    gets(st);
    puts(st);

    return 0;
}
```

键盘输入：C   program<CR>

运行结果：

C   program

（三）操作字符串

C语言并没有提供字符串进行整体操作的运算符，但提供了丰富的操作字符串的库函数，大致可分为字符串的输入、输出、合并、修改、比较、转换、复制、搜索几类，使用这些函数可大大减轻编程的负担。用于输入输出的字符串函数 gets()、puts()，在使用前应包含头文件"stdio.h"，使用其他字符串函数则应包含头文件"string.h"。

1. 字符串求长度函数 strlen()

调用形式：strlen(s)

作用：计算出以 s 作为起始地址的字符串长度并作为函数值返回，该长度不包括结束标志'\0'。

实现：

```
unsigned int strlen(char    *s)
{
    char *p = s;
    while(*p != '\0')     //该循环将指针指向结尾字符'\0'
      p++;
    return p – s;
}
```

2. 字符串复制函数 strcpy()

调用形式：strcpy(s1, s2)

作用：将 s2 所指的字符串的内容复制到 s1 作为起始地址的存储空间内，并返回 s1。

实现：

```
char    * strcpy(char *s1, char *s2)
{
    char *p = s1;
    while((*p = *s2) != '\0')
    {
        p++;
        s2++;
    }
    return s1;
}
```

或者简化成：

```
char    * strcpy(char *s1, char *s2)
{
        char *p = s1;
        while(*p++ = *s2++)
        {
                ;
        }
        return s1;
}
```

3. 字符串连接函数 strcat()

调用形式：strcat(s1, s2)

作用：将 s2 所指的字符串的内容连接到 s1 所指字符串的后面，并自动覆盖 s1 的结尾字符'\0'，并返回 s1。

实现：

```
char    * strcat(char *s1, char *s2)
{
        char *p = s1;
        while(*p)
                p++;
         while(*p++ = *s2++)
        {
                ;
        }
        return s1;
}
```

微课：操作字符串

4. 字符串比较函数 strcmp()

调用形式：strcmp(s1, s2)

作用：将依次比较 s1 和 s2 两个字符串对应位置上的字符（比较 ASCII 码值），当出现第一个不相同字符时，由这两个字符的差作为返回值决定所在串的大小：差为正数，则 s1 > s2；差为 0，则 s1、s2 相等；若差为负数，则 s1 < s2。

实现：

```
int strcmp(char *s1, char *s2)
{
        while(*s1 && *s2 && *s1 == *s2)
        {
                s1++;
                s2++;
        }
        return *s1 - *s2;
}
```

课后练习

1. 若有定义：int x=0, *p=&x;，则语句 printf("%d\n",*p);的输出结果是（　　）。

    A. 随机值 　　　　　　　B. 0 　　　　　　　C. x 的地址 　　　　　　　D. p 的地址

2. 设有定义：int n1=0,n2, *p=&n2, *q=&n1;，以下赋值语句中与 n2=n1;语句等价的是（　　）。

    A. *p=*q; 　　　　　　B. p=q; 　　　　　　C. *p=&n1; 　　　　　　D. p=*q;

3. 设已有定义：float x;，则以下对指针变量 p 进行定义且赋初值的语句中正确的是（　　）。

    A. float *p=1024; 　　　　　　　　　　B. int *p=(float x);

    C. float p=&x; 　　　　　　　　　　　　D. float *p=&x;

4. 设有定义：int a, *pa=&a;，以下 scanf 语句中能正确为变量 a 读入数据的是（　　）。

    A. scanf("%d", pa); 　　　　　　　　　B. scanf("%d", a);

    C. scanf("%d", &pa); 　　　　　　　　D. scanf("%d", *pa);

5. 有以下程序：

```
main( )
{    int   a=1,b=3,c=5;
     int   *p1=&a, *p2=&b,  *p=&c;
     *p=*p1* (*p2);
     printf("%d\n",c);
}
```

    执行后输出结果是（　　）。

    A. 1 　　　　　　　B. 2 　　　　　　　C. 3 　　　　　　　D. 4

6. 若程序中已包含头文件 stdio.h，以下选项中，正确运用指针变量的程序段是（　　）。

    A. int *i=NULL;   scanf("%d",i); 　　B. float *f=NULL;   *f=10.5;

    C. char t='m', *c=&t;   *c=&t; 　　　D. long *L;   L='\0';

7. 有以下程序：

```
#include <stdio.h>
main()
{ printf("%d\n",NULL); }
```

    程序运行后的输出结果是（　　）。

    A. 0 　　　　　　B. 1 　　　　　　C. −1 　　　　　　D. NULL 没定义，出错

8. 有以下程序段：

```
main()
{ int a=5, *b, **c;
  c=&b; b=&a;
  ……}
```

    程序在执行了 c=&b;b=&a;语句后，表达式 **c 的值是（　　）。

    A. 变量 a 的地址 　　　　　　　　B. 变量 b 中的值

    C. 变量 a 中的值 　　　　　　　　D. 变量 b 的地址

9. 设有定义：int n=0, *p=&n, **q=&p;则以下选项中，正确的赋值语句是（　　　）。

  A. p=1;   B. *q=2;   C. q=p;   D. *p=5;

10. 对于基类型相同的两个指针变量之间，不能进行的运算是（　　　）。

  A. <   B. =   C. +   D. −

11. 设有如下一段程序：

```
int *var, ab = 100;
var=&ab;
ab=*var+10;
```

执行下面的程序段后，ab 的值为（　　　）。

  A. 120   B. 110   C. 100   D. 90

12. 有以下程序：

```
main()
{ int a[10]={1,2,3,4,5,6,7,8,9,10}, *p=&a[3], *q=p+2;
printf("%d\n", *p + *q);
}
```

程序运行后的输出结果是（　　　）。

  A. 16   B. 10   C. 8   D. 6

13. 有以下程序：

```
main()
{ int a[]={2,4,6,8,10}, y=0, x, *p;
  p=&a[1];
  for(x= 1; x<3; x++) y += p[x];
  printf("%d\n",y);
}
```

程序运行后的输出结果是（　　　）。

  A. 10   B. 11   C. 14   D. 15

14. 有以下程序段：

```
int a[10]={1,2,3,4,5,6,7,8,9,10},*p=&a[3],b;
b=p[5];
```

b 中的值是（　　　）。

  A. 5   B. 6   C. 8   D. 9

15. 设有定义语句：

```
int x[6]={2,4,6,8,5,7},*p=x,i;
```

要求依次输出 x 数组 6 个元素中的值，不能完成此操作的语句是（　　　）。

  A. for(i=0;i<6;i++) printf("%2d",*(p++));

  B. for(i=0;i<6;i++) printf("%2d",*(p+i));

  C. for(i=0;i<6;i++) printf("%2d",*p++);

  D. for(i=0;i<6;i++) printf("%2d",(*p)++);

16. 在 16 位编译系统上，若有定义 int a[]={10,20,30}, *p=&a;，当执行 p++后，下列说法错误的是（　　　）。

A. p 向高地址移了一个字节　　　　B. p 向高地址移了一个存储单元

C. p 向高地址移了两个字节　　　　D. p 与 a+1 等价

17. 若有定义：int w[3][5];，则以下不能正确表示该数组元素的表达式是（　　）。

A. *(*w+3)　　　　B. *(w+1)[4]　　　　C. *(*(w+1))　　　　D. *(&w[0][0]+1)

18. 若有以下说明和语句，int c[4][5],(*p)[5]; p=c;，能正确引用 c 数组元素的是（　　）。

A. p+1　　　　B. *(p+3)　　　　C. *(p+1)+3　　　　D. *(p[0]+2))

19. 有以下定义和语句：

```
int a[3][2]={1,2,3,4,5,6,},*p[3];
p[0]=a[1];
```

则*(p[0]+1)所代表的数组元素是（　　）。

A. a[0][1]　　　　B. a[1][0]　　　　C. a[1][1]　　　　D. a[1][2]

20. 以下程序的输出结果是（　　）。

```
int aa[3][3]={{2},{4},{6}};
main()
{ int i,*p=&aa[0][0];
  for (i=0;i<2;i++){
    if(i==0) aa[i][i+1]=*p+1;
    else    ++p;
    printf("%d",*p);
  }
}
```

A. 23　　　　B. 26　　　　C. 33　　　　D. 36

21. 有以下程序：

```
void swap1(int c[])
{ int t;  t=c[0];c[0]=c[1];c[1]=t;  }
void swap2(int c0,int c1)
{ int t;  t=c0;c0=c1;c1=t;            }
main( )
{ int a[2]={3,5},b[2]={3,5};
swap1(a); swap2(b[0],b[1]);
printf("%d %d %d %d\n",a[0],a[1],b[0],b[1]);  }
```

其输出结果是（　　）。

A. 5 3 5 3　　　　B. 5 3 3 5　　　　C. 3 5 3 5　　　　D. 3 5 5 3

22. 有以下程序。

```
void sum(int a[])
{   a[0] = a[-1] + a[1]; }
main()
{ int a[10]={1,2,3,4,5,6,7,8,9,10};
  sum(&a[2]);
  printf("%d\n", a[2]);
}
```

程序运行后的输出结果是（　　）。

A. 6 B. 7 C. 5 D. 8

23. 有以下程序：

```
void f(int b[])
{   int i;
    for(i=2;i<6;i++)   b[i]*=2;
}
 main( )
{    int a[10]={1,2,3,4,5,6,7,8,9,10},i;
    f(a);
    for(i=0;i<10;i++) printf("%d,",a[i]);
}
```

程序运行后的输出结果是（   ）。

    A. 1,2,3,4,5,6,7,8,9,10,   B. 1,2,6,8,10,12,7,8,9,10,

    C. 1,2,3,4,10,12,14,16,9,10,   D. 1,2,6,8,10,12,14,16,9,10,

24. 程序中对 fun 函数有如下说明：

```
int *fun();
```

此说明的含义是（   ）。

    A. fun 函数无返回值   B. fun 函数的返回值可以是任意的数据类型

    C. fun 函数的返回值是整型的指针类型   D. 指针 fun 指向一个函数，该函数无返回值

25. 有以下程序：

```
#include<stdio.h>
int fun(char s[])
{   int n=0;
    while(*s<='9'&&*s>='0'){n=10*n+*s-'0';s++;}
    return(n);    }
main( )
{   char s[10]={'6','1','*','4','*','9','*','0','*'};
    printf("%d\n",fun(s));    }
```

程序运行的结果是（   ）。

    A. 9   B. 61490   C. 61   D. 5

26. 有以下程序：

```
void f(int *x,int *y)
{   int t;
    t=*x; *x=*y; *y=t;
}
main()
{   int a[8]={1,2,3,4,5,6,7,8},i,*p,*q;
    p=a;   q=&a[7];
    while(p<q)
    {   f(p,q);   p++;   q--; }
    for(i=0;i<8;i++)   printf("%d,",a[i]);
}
```

程序运行后的输出结果是（　　）。

A. 8,2,3,4,5,6,7,1,　　　　　　B. 5,6,7,8,1,2,3,4,

C. 1,2,3,4,5,6,7,8,　　　　　　D. 8,7,6,5,4,3,2,1,

27. 有以下程序：

```
#define N 20
fun(int a[],int n,int m)
{   int i,j;
    for(i=m;i>=n;i--)a[i+1]=a[i];
}
main()
{   int i,a[N]={1,2,3,4,5,6,7,8,9,10};
    fun(a,2,9);
    for(i=0;i<5;i++)   printf("%d",a[i]);
}
```

程序运行后的输出结果是（　　）。

A. 10234　　　　B. 12344　　　　C. 12334　　　　D. 12234

28. 有以下程序：

```
int f(int b[][4])
{   int i,j,s=0;
    for(j=0;j<4;j++)
    { i=j;
       if(i>2) i=3-j;
       s+=b[i][j];
    }
    return s;
}
main()
{ int a[4][4]={{1,2,3,4},{0,2,4,6},{3,6,9,12},{3,2,1,0}};
    printf("%d\n",f(a));
}
```

程序运行后的输出结果是（　　）。

A. 12　　　　B. 11　　　　C. 18　　　　D. 16

29. 不合法的 main 函数命令行参数表示形式是（　　）。

A. main(int a,char *c[])　　　　B. main(int arc,char **arv)

C. main(int argc,char *argv)　　D. main(int argv,char *arge[])

30. 有以下程序：

```
main(int   argc,char   *argv[])
{   int n=0,i;
    for(i=1;i<argc;i++)   n=n*10+*argv[i]-'0';
    printf("%d\n",n);
}
```

编译连接后生成可执行文件 tt.exe，若运行时输入以下命令行：

```
tt  12  345  678
```

程序运行后的输出结果是（　　）。

A. 12　　　　　　　　B. 12345　　　　　　C. 12345678　　　　　　D. 136

31. 若有语句：char *line[5];，以下叙述中正确的是（　　）。

A. 定义 line 是一个数组，每个数组元素是一个基类型为 char 的指针变量

B. 定义 line 是一个指针变量，该变量可以指向一个长度为 5 的字符型数组

C. 定义 line 是一个指针数组，语句中的*号称为间址运算符

D. 定义 line 是一个指向字符型函数的指针

32. 有以下程序：

```
main()
{  char p[]={'a', 'b', 'c'}, q[]="abc";
   printf("%d %d\n", sizeof(p),sizeof(q));
}
```

程序运行后的输出结果是（　　）。

A. 4 4　　　　　　　　B. 3 3　　　　　　C. 3 4　　　　　　D. 4 3

33. 有以下程序段：

```
char p[]={'a', 'b', 'c'}, q[10]={'a', 'b', 'c'};
printf("%d %d\n", strlen(p), strlen(q));
```

以下叙述中正确的是（　　）。

A. 在给 p 和 q 数组置初值时，系统会自动添加字符串结束符，故输出的长度都为 3

B. 由于 p 数组中没有字符串结束符，长度不能确定；但 q 数组中字符串长度为 3

C. 由于 q 数组中没有字符串结束符，长度不能确定；但 p 数组中字符串长度为 3

D. 由于 p 和 q 数组中都没有字符串结束符，故长度都不能确定

34. 有以下程序：

```
main( )
{  char a[]="abcdefg",b[10]="abcdefg";
   printf("%d %d\n",sizeof(a),sizeof(b));
}
```

执行后输出的结果是（　　）。

A. 7 7　　　　　　　　B. 8 8　　　　　　C. 8 10　　　　　　D. 10 10

35. 有以下定义：

```
#include <stdio.h>
char a[10],*b=a;
```

不能给数组 a 输入字符串的语句是（　　）。

A. gets(a);　　　　　　B. gets(a[0]);　　　　C. gets(&a[0]);　　　　D. gets(b);

36. 有以下程序：

```
main( )
{ char *p[10]={"abc","aabdfg","dcdbe","abbd","cd"};
  printf("%d\n",strlen(p[4]));
}
```

执行后输出结果是（　　）。

    A. 2   B. 3   C. 4   D. 5

37. 有以下程序:

```
main()
{   char str[][10]={"China","Beijing"},*p=str[0];
    printf("%s\n",p+10);
}
```

程序运行后的输出结果是（　　）。

    A. China   B. Bejing   C. ng   D. ing

38. 有以下函数:

```
int fun(char *s)
{   char *t=s;
    while(*t++);
    return(t-s);
}
```

该函数的功能是（　　）。

    A. 比较两个字符的大小   B. 计算 s 所指字符串占用内存字节的个数

    C. 计算 s 所指字符串的长度   D. 将 s 所指字符串复制到字符串 t 中

39. 有以下程序:

```
main()
{char s[]="ABCD",*p;
for(p=s+1;p<s+4;p++) printf("%s\n",p);
}
```

程序运行后的输出结果是（　　）。

A. ABCD	B. A	C. B	D. BCD
BCD	B	C	CD
CD	C	D	D
D	D		

40. 若要求从键盘读入含有空格字符的字符串,应使用函数（　　）。

    A. getc()   B. gets()   C. getchar()   D. scanf()

41. 有以下程序:

```
main( )
{       char s[]="abcde";
        s+=2;
        printf("%d\n",s[0]);
}
```

执行后的结果是（　　）。

    A. 输出字符 a 的 ASCII 码头   B. 输出字符 c 的 ASCII 码

    C. 输出字符 c   D. 程序出错

42. 以下语句中存在语法错误的是（　　）。

    A. char   ss[6][20]; ss[1]= "right?";   B. char   ss[][20]={ "right?" };

    C. char *ss[6];   ss[1]= "right?" ;   D. char *ss[]={ "right?" };

43. 若有定义：char *x="abcdefghi";，以下选项中正确运用了 strcpy 函数的是（   ）。

A. char y[10]; strcpy(y,x[4]);　　　　B. char y[10]; strcpy(++y,&x[1]);

C. char y[10],*s; strcpy(s=y+5,x); D. char y[10],*s; strcpy(s=y+1,x+1);

44. 有以下程序：

```
#include <stdio.h>
void fun(char   **p)
{  ++p;  printf("%s\n",*p); }
main( )
{ char*a[]={"Morning","Afternoon","Evening","Night"};
  fun(a);   }
```

程序的运行结果是（   ）。

A. Afternoon　　　B. fternoon　　　C. Morning　　　D. orning

45. 有以下程序：

```
#include <stdio.h>
void fun(char *t,char *s)
{  while(*t!=0) t++;
   while((*t++=*s++)!=0);
}
main( )
{  char ss[10]="acc",aa[10]="bbxxyy";
   fun(ss,aa);
   printf("%s,%s\n",ss,aa);
}
```

程序的运行结果是（   ）。

A. accxyy,bbxxyy　　　　　B. acc,bbxxyy

C. accxyy,bbxxyy　　　　　D. accbbxxyy,bbxxyy

46. 以下程序段中，不能正确赋字符串（编译时系统会提示错误）的是（   ）。

A. char s[10]="abcdefg";　　　　B. char t[]="abcdefg",*s=t;

C. char s[10];s="abcdefg";　　　　D. char s[10];strcpy(s,"abcdefg");

47. 当执行下面程序且输入 ABC 时，输出的结果是（   ）。

```
#include <stdio.h>
#include <string.h>
main( )
{ char ss[10]="12345";
   strcat (ss,"6789");
   gets(ss);printf("%s\n",ss);
}
```

A. ABC　　　　B. ABC9　　　　C. 123456ABC　　　D. ABC456789

48. 以下程序的输出结果是（   ）。

```
#include <string.h>
main()
{    char *a="abcdefghi";  int  k;
```

```
        fun(a);puts(a);    }
fun(char    *s)
{    int x,y;   char    c;
     for (x=0,y=strlen(s)−1;   x<y;   x++,y−−)
     {  c=s[y];   s[y]=s[x];   s[x]=c;   }  }
```

  A. ihgfedcba   B. abcdefghi   C. abcdedcba   D. ihgfefghi

49. 以下程序的输出结果是（ ）。

```
main()
{ char st[20]="hello\0\t\\";
  printf("%d%d\n",strlen(st),sizeof(st));
}
```

  A. 99   B. 520   C. 1320   D. 2020

50. 以下程序的输出结果是（ ）。

```
char cchar(char   ch)
{   if(ch>='A'&&ch<='Z')   ch=ch−'A'+'a';
    return ch;
}
main()
{   char s[]="ABC+abc=defDEF",*p=s;
    while(*p)
    {  *p=cchar(*p);        p++;  }
    printf("%s\n",s);
}
```

  A. abc+ABC=DEFdef   B. abc+abc=defdef

  C. abcABCDEFdef   D. abcabcdefdef

查看答案与解析 9

项目十

认识编译预处理

在 C 语言的程序中，总是出现#include 和#define 之类的命令，它们是编译预处理命令，和 C 语句有很大的不同。本项目将带读者认识常见的编译预处理命令。

➡ 课堂学习目标

- 定义和使用宏
- 使用文件包含

任务一　认识编译预处理

任务要求

小明在编写学习符号常量的时候使用了类似于"#define PI 3.14159"这样的行，有时还有其他类似的以#开头的行，但对这些行的作用还不是很清楚。本任务将对宏的使用详加说明。

本任务要求掌握不带参数的宏、带参数的宏以及终止宏定义的使用方式。

相关知识

编译预处理

C 语言源程序由源代码开始生成的各阶段如下：

源程序⇒编译预处理⇒编译程序⇒优化程序⇒汇编程序⇒链接程序⇒可执行文件

其中的编译预处理阶段读取 C 源程序，对其中的命令（以#开头的命令）进行初步的转换，产生新的源代码提供给编译器。尽管目前绝大多数的 C 编译器都包含了预处理程序，但通常认为它们是独立于编译器的，并且预处理过程先于编译器对源代码进行处理。这里的初步转换主要包括但不限于以下几个方面：是否包含其他文件，是否进行宏替换，根据条件决定编译时是否包含某些代码。

预处理命令是以#开头的代码行，并且#必须是该行除了任何空白字符外的第一个字符。#后是命令关键字，在两者之间允许存在空白字符，末尾一般不加";"，以示区别于 C 语句。整行构成了一条预处理命令，可以根据需要出现在程序任何一行，作用一直持续到源文件结尾，或出现相应的终止命令。合理地使用预处理功能编写的程序便于阅读、修改、移植和调试，也有利于模块化程序设计。

常见的预处理命令如表 10-1 所示。

表 10-1　常见的预处理命令

指令	用途
#	空指令，无任何效果
#include	包含一个源代码文件
#define	定义宏
#undef	取消已定义的宏
#if	如果给定条件为真，则编译下面代码
#ifdef	如果宏已经定义，则编译下面代码
#ifndef	如果宏没有定义，则编译下面代码
#elif	如果前面的#if 给定条件不为真，当前条件为真，则编译下面的代码（else if 的简写）
#endif	结束一个#if……#else 条件编译块
#error	停止编译并显示错误信息在本项目中，仅选取#define 和#include 进行学习

任务实现

（一）定义和使用宏

宏定义了一个代表特定内容的标识符，预处理过程会把源代码中出现的宏标识符替换成宏定义时的内容。宏最常见的用法是定义代表某值的全局符号（不带参数的宏），另一种用法是定义带参数的宏。

1. 不带参数的宏定义

用#define 命令定义不带参数的宏，命令形式如下：

> #define　标识符　替换文本

其中的"#"表示这是一条预处理命令。"define"为宏定义命令的关键字。"标识符"为所定义的宏名，习惯上宏名全部采用大写字母，以示和其他一般标识符的区别，它是用户自定义标识符，不能与程序中的其他名字相同。"替换文本"可以是常数、表达式、格式串等任意的文本串，替换文本可以没有，这种情况仅说明宏名标识符"被定义"。

在预处理过程中，源程序中所有的宏名标识符将被替换文本所代替，这个过程称为"宏替换"。

例如：

> #define　MAX_NUM　100

程序中 MAX_NUM 标识符出现的地方将会被 100 所代替，但不能认为"MAX_NUM"等于整数"100"。

比如：

```
int a[MAX_NUM];
for(i=0;i<MAX_NUM;i++)
        ……
```

对于阅读该程序的人来说，符号 MAX_NUM 就有特定的含义，它代表的值给出了数组所能容纳的最大元素数目。如果想要改变数组的大小，只需要更改宏定义并重新编译程序即可。

使用宏有以下几点好处。

一是使用方便。例如：#define PI 3.1415926，显然 PI 比 3.1415926 写着方便。

二是定义的宏有了意义，可读性强。MAX_NUM 顾名思义便知是最大数量的意思，比单纯使用 100 这个数字可读性要强得多。

三是容易修改。如果在程序中有几十次会使用到 MAX_NUM，修改时，只需要在宏定义里面修改一次就可以，否则你会修改到崩溃。

宏定义的使用过程中有以下几点需要引起注意。

1）宏定义是用宏名来表示一个文本串，在宏展开时又以该文本串取代宏名，这只是一种"简单的替换"，文本串中可以含任何字符，可以是常数，也可以是表达式，预处理程序对它不作任何检查。如有错误，只能在编译已被宏替换后的源程序时发现。

2）宏定义不是说明或语句，在行末不必加分号，如加上分号，则分号也是替换文本的一部分。

3）宏定义必须写在函数之外，一般写在程序的开头。其作用域为宏定义命令起到源程序结束。如要终止其作用域，可使用#undef 命令。例如：

```
#define PI 3.1415926
int main()
{
        ……
}
#undef PI
f1()
```

```
{
    ……
}
```

表示 PI 只在 main 函数中有效，在 f1 中无效。

4）宏名只能替换源程序中作为独立标识符存在的宏名。如替换文本不能替换双引号中与宏名相同的字符串，也并不替换用户标识符中的成分。例如：

```
#define YES 100
int main()
{
    int YESORNO;
    printf("YES");
    printf("\n");
    ……
}
```

上例中定义宏名 YES 表示 100，但在 printf 语句中 YES 被引号括起来，因此不作宏代换。程序的运行中把"YES"当字符串处理，也不会替换 YESORNO 标识符中的 YES。

5）在宏定义的字符串中可以使用已经定义的宏名。在宏替换时由预处理程序层层替换。例如：

```
#define PI 3.1415926
#define R 10
#define S PI * R * R          /* PI和R是已定义的宏名*/
```

对程序中的语句：

```
printf("%f", S);
```

在宏替换后变为：

```
    printf("%f", 3.1415926 * 10 * 10);
```

6）可用宏定义表示数据类型，使书写方便或符合自己的习惯。例如：

```
#define INTEGER int
```

在程序中即可用 INTEGER 作整型变量说明：

```
INTEGER a,b;
```

7）在宏定义中注意括号的使用。请看以下例子：

```
#define ONE 1
#define TWO 2
#define THERE (ONE+TWO)
```

上面的宏定义使用了括号。尽管它们并不是必须的，但出于谨慎考虑，还是应该加上括号。例如：

```
six = THREE * TWO;
```

预处理程序把上面的一行代码转换成：

```
six = (ONE + TWO) * TWO;
```

进一步替换成：

```
six = (1 + 2) * 2;
```

如果宏 THREE 的定义中没有那个括号，就替换成：

```
six = 1 + 2 * 2;
```

很显然这和我们预设的结果不一致了，也就是说，预处理仅是简单的字符替换，要时刻注意这一点，很多错误都会因此出现。

2．带参数的宏定义

C 语言允许宏带有参数，带参宏定义的一般形式为：

#define　宏名(形参表)　替换文本

带参的宏调用的一般形式为：

宏名(实参表)

带参宏定义中，宏名和左括号"("必须紧挨着，它们之间不得留有空格。一对圆括号中由若干称为形参的标识符组成，各形参之间用逗号隔开，而调用中的实参可以是任意表达式。"替换文本"中可以出现任意字符，通常应该包含形参。

在调用宏时，不仅要宏替换，而且要用实参去代换形参。例如：

#define　MU(X,Y) ((X) * (Y))
　　……
a = MU(5, 2);
b = 6 / MU(a+3, a);

宏替换后的语句为：

a = ((5) * (2))
b = 6 / ((a + 3) * (a));

除了和不带参数的宏相同的注意点之外，这里的宏还要强调以下几点。

微课：定义和使用宏

1）在"替换文本"中的形参和整个表达式应该用括号括起来，否则会造成表意上的差错。如上例中的宏定义写成：

#define　MU(X,Y)　X * Y

则对 b = 6 / MU(a+3,a); 进行宏替换后，语句将成为：

b = 6 / a + 3 * a;

它与 b = 6 / ((a + 3) * (a)); 是完全不同的。

如果上例中的宏定义写成：

#define　MU(x,y)　(x) * (y)

则对 b = 6 / MU(a+3,a); 进行宏替换后，语句将成为：

b = 6 / (a+3) * (a),

它与 b = 6 / ((a + 3) * (a)); 也是完全不同的。

2）区分带参的宏和函数。

在带参宏定义中，形参不分配内存单元，因此不必作类型定义。而宏调用中的实参有具体的值。要用它们去替换形参，因此必须作类型说明。这是与函数中的情况不同的。在函数中，形参和实参是两个不同的量，都必须有明确的类型，各有自己的作用域，调用时要把实参值赋予形参，进行"值传递"。而在带参宏中，只是符号代换，不存在值传递的问题。

宏替换是在预处理程序中完成的，因此宏替换不占运行的时间，而函数调用是在程序运行时进行的，在函数调用过程中需要占用一定的处理时间。

（二）使用文件包含

文件包含是 C 预处理程序的另一个重要功能。

文件包含命令行的一般形式为：

```
#include"文件名"
```

```
#include<文件名>
```

在前面我们已多次用此命令包含过库函数的头文件。例如：

```
#include<stdio.h>
```

```
#include"math.h"
```

文件包含命令的功能是把指定的文件插入该命令行位置，取代该命令行，从而把指定的文件和当前的源程序文件连成一个源文件。

在程序设计中，文件包含是很有用的。一个大的程序可以分为多个模块，由多个程序员分别编程。有些公用的符号常量或宏定义等可单独组成一个文件，在其他文件的开头用包含命令包含该文件即可使用。这样，可避免在每个文件开头都去书写那些公用量，从而节省时间，并减少出错。

对文件包含命令的使用要注意以下几点。

1）#include 命令行通常书写在所用文件的开头，故有时也把包含文件称作"头文件"。头文件名可以由用户指定，其后缀不一定用".h"。

2）包含命令中的文件名可以用双引号括起来，也可以用尖括号括起来。但是这两种形式是有区别的：使用尖括号表示在包含文件目录中去查找（包含目录是用户在设置环境时设置的），而不在源文件目录去查找；使用双引号则表示首先在当前的源文件目录中查找，若未找到才到包含目录中去查找。用户编程时可根据自己文件所在的目录来选择某一种命令形式。

3）一个 include 命令只能指定一个被包含文件，若有多个文件要包含，则需用多个 include 命令。

4）文件包含允许嵌套，即在一个被包含的文件中又可以包含另一个文件。

5）当包含文件修改后，对包含该文件的源程序必须重新进行编译连接。

← 课后练习

1. 以下叙述中正确的是（   ）。

查看答案与解析 10

   A. 预处理命令行必须位于源文件的开头

   B. 在源文件的一行上可以有多条预处理命令

   C. 宏名必须用大写字母表示

   D. 宏替换不占用程序的运行时间

2. 若程序中有宏定义行：#define N 100，则以（   ）。

   A. 宏定义行中定义了标识符 N 的值为整数 100

   B. 在编译程序对 C 源程序进行预处理时用 100 替换标识符 N

   C. 对 C 源程序进行编译时用 100 替换标识符 N

   D. 在运行时用 100 替换标识符 N

3. 有如下程序：

```
#define   N  2
#define   M N+1
#define   NUM   2*M+1
main()
{
```

```
    int   i;
    for(i = 1; i <= NUM; i++)
        printf("%d\n",i);
}
```

该程序中的 for 循环执行的次数是（   ）。

  A．5   B．6   C．7   D．8

4．以下程序的输出结果是（   ）。

```
#define    M(x,y,z)   x*y+z
main()
{   int   a=1,b=2,c=3;
    printf("%d\n",M(a+b,b+c,c+a));
}
```

  A．19   B．17   C．15   D．12

5．有以下程序：

```
#define   f(x)     x*x
main()
{   int   i;
    i=f(4+4)/f(2+2);
    printf("%d\n",i);
}
```

执行后输出的结果是（   ）。

  A．28   B．22   C．16   D．4

6．有以下程序：

```
#define f(x) (x*x)
main()
{ int i1, i2;
    i1=f(8)/f(4);
    i2=f(4+4)/f(2+2);
    printf("%d, %d\n",i1,i2);
}
```

程序运行后的输出结果是（   ）。

  A．64，28   B．4，4   C．4，3   D．64，64

项目十一

使用结构体和共用体

在 C 语言的构造类型中我们已经学习了数组，数组中的数据具有相同的数据类型，描述的是同一事物，比如 10 个成绩、20 个身高，这里的成绩、身高都可以用基本数据类型描述。如果要描述的事物比较复杂，有多方面特征，一个简单变量不足以描述它，那么只能引入 C 语言的另一种构造数据类型——结构体，将属于同一个事物的多个数据组织起来以体现其内部联系。

➡ 课堂学习目标

- 使用结构体
- 使用单链表
- 使用共用体

任务一　用结构体

 任务要求

　　小明发现在实际问题中，一组数据往往具有不同的数据类型。例如，在学生登记表中，姓名应为字符串，学号可为整型或字符串，年龄应为整型，性别应为字符型，成绩可为整型或实型。这显然不能用一个数组来存放这一组数据。为了解决这个问题，C语言中给出了另一种构造数据类型——结构体，它是一种构造类型，由若干"成员"组成。每一个成员可以是一个基本数据类型或者又是一个构造类型。

　　本任务要求掌握定义结构体类型、定义结构体的数据、使用结构体的数据等一系列的方法。

 相关知识

typedef 的使用

　　C语言不仅提供了丰富的数据类型，而且还允许由用户自己定义类型说明符，也就是说，允许由用户为数据类型取"别名"，起别名的目的不是为了提高程序运行效率，而是为了编码方便，使得类型说明符更符合自己的使用习惯。

　　类型定义符关键字 typedef 就是用来完成此功能的，可以为类型起一个新的别名，语法格式为：

```
typedef  oldName  newName;
```

　　这里的 oldName 是类型原来的名字，newName 是类型新的名字。比如：

```
typedef  int  INTEGER;
INTEGER a, b;
a = 1;
b = 2;
```

　　这里用 typedef 给已有类型 int 起了新的名字叫 INTEGER，这以后就可用 INTEGER 来代替 int 作整型变量的类型说明了，INTEGER a, b;等效于 int a, b;。注意：typedef 语句的作用仅仅是用"newName"来代表已存在的"oldName"，并未产生新的数据类型，原有类型名依然有效。为了便于识别，一般习惯将新的类型名用大写字母表示。

1. 给数组类型定义别名

```
typedef char ARRAY10[10];
```

　　表示 ARRAY10 是类型 char [10]的别名。它是一个长度为 10 的字符型数组类型。接着可以用 ARRAY10 定义数组：

```
ARRAY10 a1, a2, s1, s2;
```

　　它等价于：

```
char a1[10], a2[10], s1[10], s2[10];
```

2. 为指针类型定义别名

```
typedef int (*P_TO_ARR)[4];
```

　　表示 P_TO_ARR 是类型 int * [4]的别名，它是一个数组指针（行指针）类型。接着可以使用

P_TO_ARR 定义行指针：

```
P_TO_ARR p1, p2;
typedef char *STRING;
```

表示 STRING 是类型 char *的别名，它是字符型的指针类型，可以指向一个字符串，就好像我们定义了字符串类型一样。

按照类似的写法，还可以为函数指针类型定义别名：

```
typedef int (*P_TO_FUNC)(int, int);
PTR_TO_FUNC pfunc;
```

3. typedef 和#define 的区别

前面的项目中我们提到#define 来表示数据类型，但它们之间存在一个关键性的区别。正确思考这个问题的方法就是把 typedef 看成一种彻底的"封装"类型，声明之后不能再往里面增加别的东西。

1）可以使用其他类型说明符对宏类型名进行扩展，但对 typedef 所定义的类型名却不能这样做。如下所示：

```
#define INTERGE int
unsigned INTERGE n;   //没问题

typedef int INTERGE;
unsigned INTERGE n;   //错误，不能在INTERGE前面添加unsigned
```

2）在连续定义几个变量的时候，typedef 能够保证定义的所有变量均为同一类型，而 #define 则无法保证。例如：

```
#define   P_TO_INT   int *
P_TO_INT   p1, p2;
```

经过宏替换以后，第二行变为：

```
int *p1, p2;
```

这使得 p1、p2 成为不同的类型：p1 是指向 int 类型的指针，p2 是 int 类型。

相反，在下面的代码中：

```
typedef int * P_TO_INT
P_TO_INT p1, p2;
```

微课：使用 typedef

p1、p2 类型相同，它们都是指向 int 类型的指针变量。

任务实现

（一）定义结构体类型

结构体类型是一种构造类型，它是由若干"成员"组成的，每一个成员可以是一个基本数据类型或者又是一个构造类型。结构体类型既然是一种"构造"而成的数据类型，那么在说明和使用之前必须先定义它，也就是构造它，如同在说明和调用函数之前要先定义函数一样。这也是结构体在使用过程中和基本类型的重要区别：结构体类型相当于我们常用的 int、double，只不过现在的类型需要先定义构造它，而基本类型由 C 系统已经定义好，可以直接用。

不同的结构体类型可根据需要由不同的成员组成。但对于某个具体的结构体类型，成员的数量、类型必须明确，这一点与数组相同；但该结构体中各个成员的类型可以不同，这是结构体与数组的重要区别。例如，我们常用的"日期"可由三部分描述：年（year）、月（month）、日（day），它们都可以选用整型数表示。定义结构体就可以把这三个成员组成一个整体，并给它取名为 date，这就是一个最简单的结构体。

以学生档案为例，假设包括如下数据项，可以将这五个成员组成一个名为 student 的整体。

① 学号（num）：整数型；

② 姓名（name）：字符串；

③ 性别（sex）：字符型；

④ 出生日期（birthday）：date 结构体；

⑤ 四门课成绩（sc）：一维实型数组。

定义一个结构体类型的一般形式为：

```
struct结构体名
{
    类型说明符1    成员名表1;
    类型说明符2    成员名表2;
    ……
    类型说明符n    成员名表n;
};
```

其中 struct 是关键字，是结构体类型的标志。"结构体名"和"结构体成员名"都是用户定义的标识符，应符合标识符的书写规定。其中，"结构体标识名"在一些情况下是可选项，在说明中可以不出现。每个"结构体成员名表"中都可以含有多个同类型的成员名，它们之间以逗号分隔。结构体中的成员名可以和程序中的其他变量同名；不同结构体中的成员也可以同名。注意：结构体类型定义同样要以分号结尾。

由此，上述关于日期的结构体类型可以定义成：

```
struct date
{
    int    year;
    int    month;
    int    day;
};
```

由于这里的三个成员具有相同的数据类型，因此也可以写成：

```
struct date
{
    int    year, month, day;
};
```

在这里，struct date 称之为结构体类型名，在定义之后就可以像 int、double 一样使用该类型。结构体类型定义中的成员不仅可以是简单数据类型，也可以是构造类型，还可以是某种结构体类型。当结构体定义中又包含结构体时称为结构体的嵌套。

例如，关于上述学生档案的结构体类型可以说明：

```
struct student
{
    int    num;
```

```
        char name[10];
        char sex;
        struct date birthday;
        double score[4];
    };
```

以上定义中，birthday 成员的类型 struct date 是一个前面已定义过的结构体类型。若没有事先定义这一类型，则可在结构体内部定义之，以上结构体类型定义可改写成：

```
struct student
{
    int   num;
    char name[10];
    char sex;
    struct
    {
        int   year, month, day;
    } birthday;
    double score[4];
};
```

需要注意的是，结构体类型的定义只是列出了该结构体的组成情况，标志着这种类型的结构体"模式"已存在，编译程序并没有因此而分配任何存储空间。真正占有存储空间的仍是具有相应结构体类型的变量、数组以及动态开辟的存储单元，只有这些"实体"才可以用来存放结构体的数据。因此，在使用结构体变量、数组或指针变量之前，必须先对这些变量、数组或指针变量进行定义。

微课：定义结构体

（二）定义结构体类型的数据

有了结构体类型，就可以定义相应的数据。结构体类型就像一个"模板"，定义出来的变量就好比是同一个模板生产出来的"产品"，都具有相同的性质。前文已述，要使用结构体类型相关的数据（变量、数组、指针变量）之前，也需要先定义。下面给出三种定义结构体类型数据的方式。

1. 先定义结构体类型，再定义相应的数据

比如在前文已经定义了结构体类型的基础上，定义数据：

```
struct date    today, birth[5], *pdate;
struct student    std, persons[3], *pstd;
```

此处第一行定义了 struct date 类型（日期类型）的变量 today、5 个元素的数组 birth，基类型为日期类型的指针变量 pdate；第二行定义了 struct student 类型（学生类型）的变量 std、3 个元素的数组 persons，基类型为学生类型的指针变量 pstd。

具有这一结构体类型的变量中只能存放一组数据（即一个日期、一个学生的档案）。结构体变量中的各成员在内存中按定义中的顺序依次排列。如果要存放多个学生的数据，就要使用结构体类型的数组。以上定义的数组 birth 和 persons 就可以存放 5 个日期和 3 名学生的档案，它的每一个元素都是一个相应结构体类型的变量。

以 today 变量为例：

结构体变量的各成员在内存中是依次存放的，所以变量 today 具有图 11-1 所示的存储结构：

因此，sizeof（today）或者 sizeof（struct date）的值等于 12（等于各成员所占字节数之和，其中 int 型按 4 字节计算）。但这只是理论情况，在实际的编译器实现中，各个成员之间可能会存在缝隙。

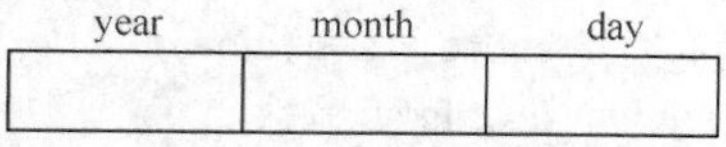

同样的，sizeof（std）或者 sizeof（struct student）的理论值是各成员所占字节数之和=4+10+1+12+32=59 字节，但实际的计算值应该比这个大（图 11-2 所示的阴影就是成员间的缝隙）。

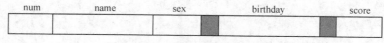

图 11-1　变量 today 的存储结构

图 11-2　成员间的缝隙

2. 紧跟在结构体类型定义之后定义数据

以 struct student 为例：

```
struct student
{
    int    num;
    char name[10];
    char sex;
    struct date birthday;
    double score[4];
}std, pers[3], *pstd;
```

在这种方式中，结构体名 student 可以省略不写，以上定义可以省略成：

```
struct
{ ......
}std, pers[3], *pstd;
```

这种方式书写简单，但是因为没有结构体名，后面就没法用该结构体定义新的变量，通常适用于不需要再次定义此类型结构变量的情况。

3. 使用 typedef 说明一个结构体类型名，再用新类型名来定义数据

例如：

```
typedef struct student
{
    int    num;
    char name[10];
    char sex;
    struct date birthday;
    double score[4];
}STU;
```

这里的 STU 就是结构体类型 struct student 的新名字，可以用这个新的名字去定义数据：

```
STU std, pers[3], *pstd;
```

很显然，这种方式在书写的时候更直观，结构体类型名也更简洁易懂，所以第三种方式为推荐写法。

（三）引用结构体类型数据的成员

在程序中使用结构体变量时，往往不把它作为一个整体来使用。在 ANSI C 中除了允许具有相同类型的结构变量相互赋值以外，一般对结构变量的使用，包括赋值、输入、输出、运算等都是通过引用结构体变量的成员来实现的。

若已定义了一个结构体变量，和基类型为同一结构体类型的指针变量，并使该指针指向同类型的变量，则可用以下三种形式来引用结构体变量中的成员。结构体变量名也可以是已定义的结构体数组的数组元素：

（1）结构体变量名.成员名；

（2）指针变量名->成员名；

（3）(*指针变量名).成员名。

其中，点号(.)称为成员运算符；箭头(->)称为结构体指向运算符，它由减号(-)和大于号(>)两部分构成，它们之间不得有空格；在第三种形式中，一对圆括号不可少。成员运算符和结构体指向运算符与()、[]运算符的优先级相同，在 C 语言运算符中优先级最高。

按照前面的定义：

```
typedef struct student
{
    int    num;
    char name[10];
    char sex;
    struct date birthday;
    double score[4];
}STU;
STU    std, pers[3], *pstd = &std;
```

对成员的引用方式说明如下。

1）如果要引用 std 的 num 成员，可以写成：std.num、pstd ->num、（*pstd）.num 这三种形式中的任意一种。

2）对结构体数组元素的成员的引用也一样，如：pers[1].sex、pers[2].score[1]。对数组的访问是不允许整体访问的（字符串除外），只能逐元素引用，因此，类似于 pers.sex 的形式是错误的。

3）如果结构体成员是作为字符串使用的字符数组，如这里的 name 成员，就可以整体访问，那么引用形式可以是 std.name、pstd ->name、（*pstd）.name。

4）访问结构体变量中各内嵌结构体成员时，必须逐层使用成员名定位。例如，引用结构体变量 std 中的出生年份时，可写作 std.birthday.year、ps->birthday.year、(*ps).birthday.year。引用结构体数组 pers 第 0 个元素 arr[0]中的出生年份时，可写作 arr[0].birthday.year。注意：birthday 后面不能使用->运算符，因为 birthday 不是指针变量。

结构体变量中的每个成员都属某个具体的数据类型。因此，对于结构体变量中的每个成员，都可以像普通变量一样，对它进行同类变量所允许的任何操作。比如：

```
scanf("%d", &std.num);
strcpy(std.name, "LiMing");    // std.name = "LiMing"是错误的，因为name是数组名
```

```
std.sex = getchar();
std.birthday.year = 1999;
for(j = 0; j < 4; j++)
    scanf("%lf", &std.sc[j]);
```

可以看到，使用方式和同类数据是完全相同的，只不过这里的这些数据是同一个结构体变量的成员，在使用这些数据时要指明它是哪个结构体变量的。

微课：使用结构体
变量

（四）结构体变量和数组的赋初值

和一般的变量、数组一样，结构体变量和数组也可以在定义的同时赋初值。

1. 给结构体变量赋初值

所赋初值按结构体定义顺序放在一对花括号中，例如：

```
STU    std = {12001, "LiMing", 'M', 1999, 5, 10, 88, 76, 85.5, 90};
```

由于结构体各成员是依次存放的，对结构体变量进行赋初值时，C 编译程序按每个成员在结构体中的顺序一一对应赋初值；不允许跳过前边的成员给后面的成员赋初值；但可以只给前面的若干个成员赋初值，对于后面未赋初值的成员，如数值型和字符型数据，系统自动赋初值零，指针型数据自动赋空指针。

2. 给结构体数组赋初值

由于数组中的每个元素都是一个结构体，因此通常将其成员的值依次放在一对花括号中（不写界定各元素的花括号也是正确的），以便区分各个元素。例如：

```
STU pers[3] = {{12001, "LiMing", 'M', 1999, 5, 10, 88, 76, 85.5, 90},
               {12002, "WangXu", 'F', 1998, 10, 19, 95, 86, 85, 90},
               {12003, "MaFei", 'M', 2000, 7, 12, 88, 86, 79, 93}};
```

也可以通过这种赋初值的方式，隐含确定结构体数组的大小。

（五）函数中的结构体变量

在 C 语言中，函数的形参、返回值位置都允许出现和结构体相关的数据。

1. 向函数传递结构体变量的成员

结构体变量中的每个成员可以是简单变量、数组、指针变量或另一个结构体等，作为成员变量，它们可以参与所属类型允许的任何操作。这一原则在参数传递中仍适用。

2. 向函数传递结构体变量

C 语言允许把结构体变量作为一个整体传送给相应的形参（因为参数传递是另一种形式的赋值，而在前文已述，结构体变量是允许整体赋值的）。这时传递的是实参结构体变量的值，系统将为结构体类型的形参开辟相应的存储单元，并将实参中各成员的值赋给对应的形参成员。

结构体变量作实参时，传递给函数对应形参的是它的值，函数体内对形参结构体变量中任何成员的操作，都不会影响对应实参中成员的值。

但是，这种直接把一个结构体数据整体传送给另一个同类型结构体变量，要将全部成员逐个传送，特别是成员中出现数组时将会使传送的时间和空间开销很大，严重地降低了程序的效率。因此，最好的办法就是使用指针，即用指针变量作函数参数进行传送。这时由实参传向形参的只是地址，从而减少了时间和空间的开销。

3. 传递结构体的地址

结构体变量的地址作为实参，这时，对应的形参应该是一个基类型相同的结构体类型的指针。系统只需为形参指针开辟一个存储单元存放实参结构体变量的地址值。这样可以通过函数调用，有效地修改结构体中成员的值。

以下的例子是求一组学生的平均成绩，用地址作参数：

```c
#include <stdio.h>
struct student
{
    int num;
    char *name;
    char sex;
    double score;
};
double Ave(struct student   *ps, int   n);
int main()
{
    struct student stus[] = {
            {12001, "Li Ming", 'M', 65},
            {12002, "Zhang Ping", 'M', 72.5},
            {12003, "Hua Fang",'F', 93},
            {12004, "Chen Ling",'F', 87},
            {12005, "Wang Xu",'M', 58},
        };
    struct student *ps = stus;
    double average;

    average = Ave(ps, 5);
    printf("average = %f\n", average);

    return 0;
}
double Ave(struct student *ps, int n)
{
    double   ave, sum = 0;
    for(int i = 0; i < n; i++, ps++)
    {
        sum += ps->score;
    }
    ave = sum / n;
    return ave;
}
```

本程序中定义了函数 Ave，其形参为结构指针变量 ps。stus 被定义为结构体数组，在 main 函数中定义说明了结构指针变量 ps，并把 stus 的首地址赋予它，使 ps 指向 stus 数组。然后以 ps 作实参调用函数 Ave。在函数 Ave 中完成计算平均成绩并作为函数值返回主函数。

由于本程序全部采用指针变量作运算和处理，故速度更快，程序效率更高。

4．函数的返回值是结构体类型

和结构体变量作函数参数相类似，如果函数的返回值是一个结构体数据，那么这个结构体数据将作为整体返回给主调函数，要将全部成员逐个传送，容易造成时间和空间上的开销增大，降低程序效率。

任务二　使用单链表

任务要求

到目前为止，凡是遇到处理"批量"数据时，都是利用数组来存储。定义数组必须指明元素的个数，从而也就限定了能够在一个数组中存放的数据量。但在实际需求中，小明更希望根据需要随时开辟存储单元，不再需要时随时释放。C 语言的动态存储分配以及结构体共同为这种需求提供了可能性。

本任务要求掌握动态存储分配函数的使用，以及动态单链表的创建、遍历、插入、删除等操作的实现。

相关知识

动态存储分配函数

在实际的编程中，往往会发生这种情况，即所需的内存空间取决于实际输入的数据，而无法预先确定。对于这种问题，用数组的办法很难解决。为了解决这类问题，C 语言提供了一种称作"动态存储分配"的内存空间分配方式：在程序执行期间需要空间来存储数据时，通过"申请"分配指定的内存空间；当有闲置不用的空间时，可以随时将其释放。用户可通过调用 C 语言提供的标准库函数来实现动态分配。

系统定义了三个常用的动态分配函数，它们是 malloc、calloc、free。使用这些函数时，必须在程序开头包含头文件 stdlib.h。

1．malloc 函数

malloc 函数在内存的动态存储区中分配一块指定长度的连续区域，并返回该区域的首地址。其函数原型如下：

```
void * malloc(unsigned int size)
```

malloc 函数返回值的类型为 void *，这是一种没有明确基类型的指针，称之为"通用类型指针"。因此在调用该函数时，必须利用强制类型转换将其转换成所需的类型。调用的一般形式为：

```
(类型说明符 *)malloc(size)
```

这里的 size 是要分配的内存空间的字节数。比如：

```
int *pi;
pi = (int *)malloc(2);     //这里假设int型数据占2字节
```

一般地，若不能确定数据类型所占字节数，可以使用 sizeof 运算符来求得。

```
pi = (int *)malloc(sizeof(int));
```

微课：使用动态
存储分配函数

这样，不管在哪种编译器下，系统会根据自身实际情况分配对应的字节数，程序也更具移植性。

在使用动态存储分配时，需要时刻注意的是，由动态分配得到的存储单元没有名字，只能靠指针变量来引用它，一旦指针改变指向（被重新赋值），原存储单元及所存数据都将无法再引用。

2. calloc 函数

calloc 函数在内存动态存储区中分配 n 块长度为指定字节数的连续区域，函数的返回值为该区域的首地址。其函数原型如下：

```
void * calloc(unsigned int n, unsigned int size)
```

calloc 函数与 malloc 函数的使用方式相类似，区别仅在于 calloc 函数一次可以分配 n 个同一类型的连续的存储空间，每个数据项的长度为 size 个字节。

例如：

```
char *ps;
ps = (char *)calloc(10, sizeof(char));
```

以上函数调用语句开辟了 10 个连续的 char 类型的存储单元，由 ps 指向存储单元的首地址。每个存储单元可以存放一个字符。

使用 calloc 函数动态开辟的存储单元相当于开辟了一个一维数组。函数的第一个参数决定了一维数组的大小；第二个参数决定了数组元素的类型。函数的返回值就是数组的首地址。

3. free 函数

free 函数能释放由 malloc 或 calloc 函数所分配的存储空间。函数的调用形式：

```
free(p);
```

这里的指针变量 p 必须指向由动态分配函数 malloc 或 calloc 所分配的地址。

任务实现

（一）构建单链表

动态存储分配函数使得程序在执行过程中，可以根据需要随时开辟存储单元，不再需要时随时释放，而不需要像数组一样预先确定数据数量。但各次动态分配的存储单元的地址不可能是连续的；而所需处理的批量数据往往是一个整体，各数据之间存在着先后接续关系，因此至少需要一个指针由前一数据指向后一数据以反映出数据之间的相互联系。因此，这里的每一个数据除了包括本身该具有的数据域外，至少还需要有一个指针域，用它来存放下一个数据的地址，以便通过这些指针把各数据连接起来。

这里的每一个数据称之为结点，它是一个结构体变量，包括数据域和指针域两部分，每个结点的存储单元一般由动态存储分配获得，并用指针域存放下一结点的首地址，这样的数据结构称之为"动态链表"，简称链表。需要强调的是，在这种动态链表中，每个结点元素没有自己的名字，只能靠指针维系结点元素之间的接续关系。一旦某个元素的指针"断开"，后续元素就再也无法找寻。

图 11-3 所示为一个链表的示意图，每个链表都用一个"头指针"变量来指向链表的开始，如上图中的 head，也就是说，在 head 中存放了链表第一个结点的地址。链表最后一个结点的指针域不需存放地址时，就置成空值（NULL），标志着链表的结束。上述链表的每个结点只有一个指针域，每个指针域存放着下一个结点的地址，因此，这种链表只能从当前结点找到后继结点，故称为"单向链表"。

图 11-3　链表示意图

为构成上图所示的单向链表，简单起见，每个结点由两个成员组成：一个是整型的成员，一个是指向自身结构的指针类型成员。结点的类型定义：

```
typedef struct slist
{
    int    data;
    struct slist *next;
}SLIST;
```

可以编写以下函数来构建一个单链表：

```
SLIST    *Creat(int n)
{
    SLIST   *pf, *pb, *head;
    int i;
    for(i=0;i<n;i++)
    {
        pb = (SLIST *) malloc(sizeof(SLIST));
        printf("输入数据域整数：");
        scanf("%d", &pb –>data);
        pb –>next = NULL;
        if(i == 0)
            pf = head = pb;
        else
            pf –>next = pb;
        pf = pb;
    }
    return(head);
}
```

Creat 函数用于创建一个有 n 个结点的单链表，它是一个指针函数，它返回的指针指向即为单链表的头指针。

此处介绍的单链表用一个"头指针"变量来指向链表的开始，在实际应用中，还有一种常见形式是带"头结点"的单链表。头结点的数据域可以不存储任何信息，头结点的指针域存储指向开始结点（即第一个元素结点），如图 11-4 所示。

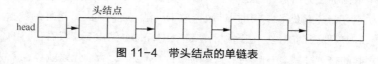

图 11-4 带头结点的单链表

在链表中加入头结点会有什么好处呢？

1）是为了方便单链表的特殊操作，如插入在表头或者删除第一个结点，这样就保持了单链表操作的统一性。

2）单链表加上头结点之后，无论单链表是否为空，头指针始终指向头结点，因此空表和非空表的处理也统一了，方便了单链表的操作，也减少了程序的复杂性和出现 bug 的机会。

3）对单链表的多数操作应明确对哪个结点以及该结点的前驱。不带头结点的链表对首元素结点、中间结点分别处理；而带头结点的链表因为有头结点，首元素结点、中间结点的操作相同，从而减少分支，使算法变得简单，流程清晰。

（二）使用单链表

1. 顺序访问单链表中各结点的数据域

输出单向链表各结点数据域中的内容，只需利用一个工作指针（p），从头到尾依次指向链表中的每个结点；当指针指向某个结点时，就输出该结点数据域中的内容；直到遇到链表结束标志为止。如果是空链表，就只输出有关信息并返回调用函数。

2. 在单向链表中插入结点（见图 11-5）

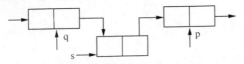

图 11-5　在单向链表中插入结点

当进行插入操作时，需要三个工作指针：图中用 s 来指向新开辟的结点，用 p 指向插入的位置，q 指向 p 的前趋结点（由于是单向链表，没有指针 q，就无法通过 p 去指向它所指的前趋结点）。

3. 删除单向链表中的结点

为了删除单向链表中的某个结点，首先要找到待删结点的前趋结点，然后将此前趋结点的指针域去指向待删结点的后续结点，最后释放被删结点所占存储空间即可。结点的删除操作如图 11-6 所示。

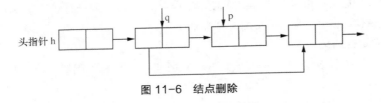

图 11-6　结点删除

任务三　使用共用体和枚举类型

🔍 任务要求

在 C 语言中，还有一种和结构体的使用方式很相近的数据类型叫共用体。

本任务要求掌握定义共用体类型以及使用共用体类型的一系列的方法，以及认识 C 语言中的枚举类型。

➕ 任务实现

（一）使用共用体类型

1. 共用体类型的说明

共用体类型说明的一般形式：

```
union　共用体标识名
{
```

```
        类型名1    共用体成员名1;
        类型名2    共用体成员名2;
              ......
        类型名n    共用体成员名n;
    };
```
例如：
```
union un_1
{
    int i;
    float x;
    char ch;
};
```

其中，union 是关键字，是共用体类型的标志。un_1 是共用体标识名，"共用体标识名"和"共用体成员名"都是由用户定义的标识符，按规定，共用体标识名是可选项，可以不出现。共用体中的成员可以是简单变量，也可以是数组、指针、结构体和共用体（结构体的成员也可以是共用体）。

共用体有时也被称为联合或者联合体，这也是 union 这个单词的本意。

结构体和共用体的区别在于：结构体的各个成员会占用不同的内存，互相之间没有影响；而共用体的所有成员占用同一段内存，修改一个成员会影响其余所有成员。

结构体占用的内存大于等于所有成员占用的内存的总和（成员之间可能会存在缝隙），共用体占用的内存等于最长的成员占用的内存。共用体使用了内存覆盖技术，同一时刻只能保存一个成员的值，如果对新的成员赋值，就会把原来成员的值覆盖掉。

2．共用体变量的定义

共用体也是一种自定义类型，可以通过它来创建变量，和结构体相似，共用体变量的定义也可以采用三种方式：

1）先定义共用体类型，再定义相应的数据；

2）紧跟在共用类型定义之后定义数据，这时也可以将共用体名省略；

3）使用 typedef 说明一个共用类型名，再用新类型名来定义数据。

需要着重说明以下几点。

1）共用体变量在定义的同时只能用第一个成员的类型的值进行初始化。

2）共用体类型变量的定义在形式上与结构体非常相似，但它们是有本质区别的：结构体中的每个成员分别占有独立的存储空间，因此，结构体变量所占内存字节数是其成员所占字节数的总和（成员间可能有缝隙）；而共用体变量中的所有成员共享一段公共存储区，所以共用体变量所占内存字节数与其成员中占字节数最多的那个成员相等。

3）由于共用体变量中的所有成员共享存储空间，因此变量中的所有成员的首地址相同，而且变量的地址也就是该变量成员的地址。

3．共用体变量中成员的引用

共用体变量中每个成员的引用方式与结构体完全相同；可以使用以下三种形式之一：

1）共用体变量名.成员名；

2）指针变量名->成员名；

3）(*指针变量名).成员名。

共用体中的成员变量同样可参与其所属类型允许的任何操作。但在访问共用体成员时应注意，共用体变量中起作用的是最近一次存入的成员变量的值，原有成员变量的值将被覆盖。

和结构体一样，允许在两个类型相同的共用体变量之间进行赋值操作。

同结构体变量一样，共用体类型的变量可以作为实参进行传递，也可以传送共用体变量的地址。

4．共用体的应用

共用体在一般的编程中应用较少，在单片机中应用较多。对于 PC 机，经常使用到的一个实例是：现有一张关于学生信息和教师信息的表格。学生信息包括姓名、编号、性别、职业、分数，教师的信息包括姓名、编号、性别、职业、教学科目。如表 11-1 所示。

表 11-1　学生和教师信息

Name	Num	Sex	Profession	Score / Course
HanXiaoXiao	501	f	s	89.5
YanWeiMin	101	m	t	math
LiuZhenTao	109	f	t	English
ZhaoFeiYan	982	m	s	95.0

表中的 f 和 m 分别表示女性和男性，s 表示学生，t 表示教师。可以看出，学生和教师所包含的数据是不同的。现在要求把这些信息放在同一个表格中，并设计程序输入人员信息，然后输出。

如果把每个人的信息都看作一个结构体变量，那么教师和学生的前 4 个成员变量是一样的，第 5 个成员变量可能是 score 或者 course：当第 4 个成员的值是 s 的时候，第 5 个成员变量就是 score；当第 4 个成员变量的值是 t 的时候，第 5 个成员变量就是 course。

经过上面的分析，我们可以设计一个包含共用体的结构体：

```
typedef struct
{
    char name[20];
    int num;
    char sex;
    char profession;
    union{
        double score;
        char course[20];
    } sc;
}ROLE;
```

（二）使用枚举类型

在实际问题中，有些变量的取值被限定在一个有限的范围内。例如，一个星期内只有七天，一年只有十二个月，一个班每周有六门课程等。如果把这些量说明为整型，或者字符型，或者其他类型都是不妥当的。为此，C 语言提供了一种称为"枚举"的类型，在"枚举"类型的定义中列举出所有可能的取值，被说明为该"枚举"类型的变量取值不能超过定义的范围，这样就为每个值都取一个名字，很方便在后续代码中使用。应该说明的是，枚举类型是一种基本数据类型，而不是一种构造类型，因为它不能再分解为任何基本类型。

1. 枚举类型的定义

枚举类型定义的一般形式为：

enum枚举名{ 枚举值表 }；

这里的 enum 是定义枚举类型的关键字，专门用来定义枚举类型，这也是它在 C 语言中的唯一用途。枚举名是一个用户自定义标识符，在用一对{}括起来的枚举值表中应罗列出所有可用值，是每个值对应的名字的列表，这些值也称为枚举元素。注意最后的分号；不能少。

有了这样的形式，就定义了一个新的枚举类型：enum 枚举名。

例如列出一个星期有几天：

enum weekday{ Mon, Tues, Wed, Thurs, Fri, Sat, Sun }；

该枚举名为 weekday，枚举值共有 7 个，即一周中的七天。凡被说明为 enum weekday 类型的变量的取值只能是这 7 个值中的一个。

在这种定义形式中可以看到，我们仅仅给出了名字，却没有给出名字对应的值，这是因为枚举值默认从 0 开始，往后逐个加 1（递增）。也就是说，weekday 中的 Mon、Tues……Sun 各名称对应的值分别为 0、1……6。

我们也可以给每个名字都指定一个值：

enum weekday{ Mon = 1, Tues = 2, Wed = 3, Thurs = 4, Fri = 5, Sat = 6, Sun = 7 }；

更为简单的方法是只给第一个名字指定值：

微课：使用枚举
类型

enum weekday{ Mon = 1, Tues, Wed, Thurs, Fri, Sat, Sun }；

这样枚举值就从 1 开始递增，跟上面的写法是等效的。

以下写法也是合法的：

enum weekday{ Mon = 2, Tues = 5, Wed = 6, Thurs = 3, Fri, Sat, Sun }；

这里给枚举值指定数值时给出的是毫无顺序的数值，没有给值的枚举值将从最后一个给定的值 3 开始递增。虽然这种写法在语法上是合法的，但在程序中出现这样的定义几乎毫无意义。

2. 枚举变量的定义

如同结构体和共用体一样，枚举变量也可用不同的方式说明，即先定义类型后定义变量，同时定义类型和变量或使用 typedef。

设有变量 a、b、c 被定义为上述的 enum weekday 类型，可采用下述任一种方式。

1）先定义类型后定义变量。

enum weekday{ Mon, Tues, Wed, Thurs, Fri, Sat, Sun }；
enum weekday a,b,c;

2）同时定义类型和变量。

enum weekday{ Mon, Tues, Wed, Thurs, Fri, Sat, Sun }a, b, c;

或者为：

enum { Mon, Tues, Wed, Thurs, Fri, Sat, Sun }a, b, c;   //即枚举名省略

3）使用 typedef。

typedef enum weekday{ Mon = 1, Tues, Wed, Thurs, Fri, Sat, Sun } WEEK;
WEEK a, b, c;

3. 枚举变量的赋值和使用

枚举类型的变量在赋值和使用中有以下规定。

1）枚举值是常量，不是变量，不能在程序中用赋值语句再对它赋值。并且这种常量既不是字符常量，也不是字符串常量，使用时不要加单、双引号，可以直接使用。所以：

```
Mon = 3;
Fri = Tues;
```

这些赋值语句都是错误的。

2）枚举值本身是一个由系统定义或用户指定了的表示序号的数值，但给枚举变量赋值时，只能把枚举值赋予枚举变量，不能把元素的数值直接赋予枚举变量。

```
WEEK a, b;    //WEEK的定义见前文
a = Mon;
b = Fri;
```

都是正确的。而：

```
a = 1;
b = 5;
```

都是错误的。

如果一定要把数值赋予枚举变量，则必须用强制类型转换。如：

```
a = (WEEK)2;
```

其意义是将顺序号为 2 的枚举值赋予枚举变量 a，相当于：

```
a = Tues;
```

比如以下程序用来判断用户输入的是星期几：

```c
#include <stdio.h>
int main()
{
    enum weekday{ Mon = 1, Tues, Wed, Thurs, Fri, Sat, Sun } day;
    scanf("%d", &day);
    switch(day)
    {
        case Mon: puts("Monday"); break;
        case Tues: puts("Tuesday"); break;
        case Wed: puts("Wednesday"); break;
        case Thurs: puts("Thursday"); break;
        case Fri: puts("Friday"); break;
        case Sat: puts("Saturday"); break;
        case Sun: puts("Sunday"); break;
        default: puts("Error!");
    }
    return 0;
}
```

4. 区分枚举和宏

以上的枚举用宏定义也可以实现，比如：

```c
#define Mon 1
#define Tues 2
#define Wed 3
```

```
#define Thurs 4
#define Fri 5
#define Sat 6
#define Sun 7
```

在类似的问题中#define 命令虽然能解决问题，但也带来了不小的副作用，导致宏名过多，代码松散，而用枚举直观上简洁紧凑得多。

枚举和宏虽然很相似，但本质上，宏在预处理阶段将名字替换成对应的文本串，枚举在编译阶段将名字替换成对应的值。我们可以将枚举理解为编译阶段的宏。

← 课后练习

1. 有以下程序段：

```
typedef struct NODE
{ int num; struct NODE *next;
} OLD;
```

以下叙述中正确的是（　　）。

　　A. 以上的说明形式非法　　　　　　　B. NODE 是一个结构体类型

　　C. OLD 是一个结构体类型　　　　　　D. OLD 是一个结构体变量

2. 设有以下语句：

```
typedef struct S
{ int g; char h;} T;
```

则下面叙述中正确的是（　　）。

　　A. 可用 S 定义结构体变量　　　　　　B. 可以用 T 定义结构体变量

　　C. S 是 struct 类型的变量　　　　　　D. T 是 struct S 类型的变量

3. 以下对结构体类型变量 td 的定义中，错误的是（　　）。

　　A. typedef struct aa　　　　　　　　B. struct aa

```
{ int n;
  float m;
}AA;
AA td;
```

```
{ int n;
    float m;
};
struct aa td;
```

　　C. struct　　　　　　　　　　　　　D. struct

```
{ int n;
  float m;
}aa;
struct aa td;
```

```
{  int n;
    float m;
}td;
```

4. 以下关于 typedef 的叙述错误的是（　　）。

A. 用 typedef 可以增加新类型

B. typedef 只是将已存在的类型用一个新的名字来代表

C. 用 typedef 可以为各种类型说明一个新名，但不能用来为变量说明一个新名

D. 用 typedef 为类型说明一个新名，通常可以增加程序的可读性

5. 有以下结构体说明，变量定义和赋值语句：

```
struct STD
{       char   name[10];
        int   age;
        char   sex;     }s[5],*ps;
ps=&s[0];
```

则以下 scanf 函数调用语句中错误引用结构体变量成员的是（   ）。

    A. scanf("%s",s[0].name);   B. scanf("%d",&s[0].age);

    C. scanf("%c",&(ps->sex));   D. scanf("%d",ps->age);

6. 有以下说明和定义语句：

```
    struct student
    { int age; char num[8]; };
    struct student stu[3]={{20,"200401"},{21,"200402"},{10\9,"200403"}};
    struct student *p=stu;
```

以下选项中引用结构体变量成员的表达式错误的是（   ）。

    A. (p++)->num   B. p->num   C. (*p).num   D. stu[3].age

7. 有以下程序段：

```
struct st
{    int   x;     int   *y;  } *pt;
int   a[]={1,2},b[]={3,4};
struct st   c[2]={10,a,20,b};
pt=c;
```

以下选项中表达式的值为 11 的是（   ）。

    A. *pt->y   B. pt->x   C. ++pt->x   D. (pt++)->x

8. 若有下面的说明和定义：

```
struct test
{ int ml;char m2;float m3;
  union uu{char ul [ 5 ] ;int u2 [ 2 ] ;} ua;
} myaa;
```

则 sizeof（struct test）的值是（   ）。

    A. 12   B. 16   C. 14   D. 9

9. 有如下定义：

```
struct   person{char   name[9];  int   age;};
struct   person   class[10] = { "John",17,  "Paul",19,  "Mary",18,  "Adam",16,};
```

根据上述定义，能输出字母 M 的语句是（   ）。

    A. printf("%c\n",class[3].name[0]);   B. printf("%c\n",class[3].name[1]);

    C. printf("%c\n",class[2].name[1]);   D. printf("%c\n",class[2].name[0]);

10. 有以下程序：

```
struct STU
{char num[10]; float score[3]; }
main()
```

```
{ struct STU s[3]={{"20021",90,95,85},{"20022",95,80,75},{"20023",100,95,90}},*p=s;
  int i; float sum=0;
  for(i=0;i<3;i++)
  sum=sum+p->score[i];
  printf("%6.2f\n",sum);      }
```

程序运行后的输出结果是（   ）。

    A. 260.00   B. 270.00   C. 280.00   D. 285.00

11. 设有如下定义：

```
struct sk
{ int a;
  float b;
 }data;
int *p;
```

若要使 p 指向 data 中的 a 域，正确的赋值语句是（   ）。

    A. p=&a;   B. p=data.a;   C. p=&data.a;   D. *p=data.a

12. 有以下程序：

```
#include <stdlib.h>
struct NODE
{ int num; struct NODE *next;  }
main()
 {  struct NODE *p,*q,*r;
    p=(struct NODE *)malloc(sizeof(struct NODE));
    q=(struct NODE *)malloc(sizeof(struct NODE));
    r=(struct NODE *)malloc(sizeof(struct NODE));
    p->num=10;q->num=20;r->num=30;
    p->next=q;q->next=r;
    printf("%d\n",p->num+q->next->num);
 }
```

程序运行后的输出结果是（   ）。

    A. 10   B. 20   C. 30   D. 40

13. 若要用下面的程序片段使指针变量 p 指向一个存储整型变量的动态存储单元：

```
   int  *p;
   p= _____ malloc(sizeof(int) );
```

则应填入（   ）。

    A. int   B. int *   C. (*int)   D. (int*)

14. 设有如下说明：

```
typedef struct
{int  n;char  c;double   x;}STD;
```

则以下选项中，能正确定义结构体数组并赋初值的语句是（   ）。

    A. STD   tt[2]={{1,'A',62},{2,'B',75}}; B. STD   tt[2]={1,"A",62,2,"",75};

    C. struct   tt[2]={{1,'A'},{2,'B'}};   D. struct   tt[2]={{1,"A",62.5},{2,"B",75.0}};

15. 若已建立如下图所示的单向链表结构：

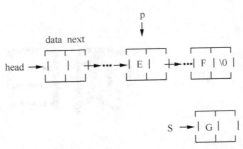

在该链表结构中，指针 p、s 分别指向图中所示结点，则不能将 s 所指的结点插入到链表末尾仍构成单向链表的语句组是（　　）。

A．p = p->next; s->next = p; p->next = s;

B．p = p->next; s->next = p->next; p->next = s;

C．s->next = NULL; p = p->next; p->next = s;

D．p = (*p).next; (*s).next = (*p).next; (*p).next = s;

查看答案与解析 11

项目十二

操作文件

到目前为止，在程序中输入的数据由键盘获得，输出的结果显示到显示器，这些数据都是临时的、没有保存的，换句话说都是一次性的。如果希望这些数据能够重复使用，就要借助本项目的内容——文件。当然，在后续的其他课程中，我们将这些数据存到数据库里，彻底解决数据的存取问题。

➔ 课堂学习目标

- 打开和关闭文件
- 读写文件
- 检测文件

任务一　打开关闭文件

任务要求

小明有时在运行 C 程序时会为输入数据而烦恼，尤其是数据较多的情况，有没有什么方式能避开这种烦恼呢？C 语言提供了文件的概念，它能将程序运行所需的数据事先存在文件里，也可以将程序的计算结果存到文件里，从而使得这些数据能够重复使用。

本任务要求理解 C 语言中所指的文件概念，掌握文件打开和关闭的操作方法。

相关知识

（一）C 语言文件

通常意义上的"文件"是指一组相关数据的有序集合。这个数据集有一个名称，叫作文件名。在学习 C 语言的过程中，我们经常听到源程序文件、目标文件、可执行文件、头文件等名词，这些都是通常意义上的文件，存储在外部介质（硬盘、U 盘等）中。

那么在本项目中所涉及的文件又是什么呢？其实和通常意义上的文件没有本质区别，只是在这里要强调文件是"和 C 程序的输入、输出等一系列操作相关的数据文件"。

从这个意义而言，我们平时输入输出所用的键盘和显示器也是文件。通常把显示器定义为标准输出文件，一般情况下在屏幕上显示有关信息就是向标准输出文件输出，如 printf、putchar 函数就是这类输出；键盘通常被指定标准的输入文件，从键盘上输入就意味着从标准输入文件上输入数据，如 scanf、getchar 函数就属于这类输入。实际上，操作系统也是这么看的，把外部设备也看作是一个文件来进行管理，把它们的输入、输出等同于对磁盘文件的读和写。

从文件编码的方式来看，数据可以按文本形式或二进制形式存放在介质上，因此可以按数据的存放形式分为文本文件（也叫 ASCII 文件）和二进制文件。

所谓文本文件指的是，当输出时，数据按面值转换成一串字符，每个字符以字符的 ASCII 代码值存储到文件中，一个字符占一个字节。如：

数 12345 的文本存储形式为：

ASCII 码：　　　　00110001　00110010　00110011　00110100　00110101

　　　　　　　　　　↓　　　　　↓　　　　　↓　　　　　↓　　　　　↓

对应的十进制符号：　　1　　　　2　　　　3　　　　4　　　　5

共占用 5 个字节。

所谓二进制文件是指，按二进制的编码方式来存放文件的，二进制文件虽然也可在屏幕上显示，但其内容无法读懂。如：

数 12345 的二进制存储形式为：00110000　00111001

只占 int 型数据的 2 字节。

当数据按二进制形式输出到文件中时，数据不经过任何转换，按计算机内的存储形式直接存放到磁盘上；当从二进制文件中读入数据时，不必经过任何转换，而直接将读入的数据存入变量所占内存空间。

（二）关于文件的读写和程序的输入输出

在程序中，当调用输入函数从外部文件中输入数据赋给程序中的变量时，这种操作称为"输入"（对内存而言）或"读取"（对文件而言）；当调用输出函数把程序中变量的值输出到外部文件中时，这种操作称为"输出"（对内存而言）或"写"（对文件而言）。

C 语言中，对于输入输出的数据都按"数据流"的形式进行处理，也就是说，输出时系统不添加任何信息，输入时逐一读入数据，直到遇到 EOF 或文件结束标志。C 程序中的输入输出文件都以数据流的形式存储在介质上。

对文件输入输出方式也称"存取方式"。C 语言中，有两种对文件的存取方式：顺序存取和直接存取。

顺序存取文件的特点是：每当"打开"这类文件进行读或写操作时，总是从文件的开头开始，从头到尾顺序地读或写；也就是说，当顺序存取文件时，要读第 n 个字节时，先要读取前 n−1 个字节，而不能一开始就读到第 n 个字节；要写第 n 个字节时，先要写前 n−1 个字节。

直接存取文件又称随机存取文件，其特点是：可以通过调用 C 语言的库函数去指定开始读（写）的字节号，然后直接对此位置上的数据进行读（写）操作。

在 C 语言中要完成对文件的操作，首先要定义一个指向文件的指针变量，这个指针称为文件指针。通过文件指针就可对它所指的文件进行各种操作。

定义文件指针的一般形式为：

FILE *指针变量标识符；

其中，FILE 应为大写，它实际上是由系统定义的一个结构体，该结构体中含有文件名、文件状态和文件当前位置等信息，而在编写源程序时不必关心 FILE 结构的细节。例如：

FILE　*fp；

表示 fp 是指向 FILE 结构的指针变量，通过 fp 即可找存放某个文件信息的结构变量，然后按结构变量提供的信息找到该文件，实施对文件的操作。习惯上也笼统地把 fp 称为指向一个文件的指针。

操作文件的正确流程为：打开文件→读写文件→关闭文件。文件在进行读写操作之前要先打开，使用完毕要关闭。所谓打开文件，实际上是把程序中要读、写的文件与磁盘上实际的数据文件联系起来，建立文件的各种有关信息，并使文件指针指向该文件，以便进行其他操作。关闭文件则断开指针与文件之间的联系，也就禁止再对该文件进行操作。在 C 语言中，文件操作都是由库函数来完成的。实际上本项目中关于文件的操作都是由库函数完成的。

任务实现

（一）打开文件

打开文件由 C 语言提供的库函数 fopen 来实现，它的原型是：

FILE　* fopen(char *filename, char *mode);

一般调用形式：

fopen(文件名，文件使用方式);

该函数的两个参数都是字符串，第一个字符串中包含了进行读、写操作的文件名，用来指定所要打开的文件；第二个字符串中指定了文件的使用方式，用户可通过这个参数来指定对文件的使用意图。

函数执行后，若打开成功，则返回一个指向 FILE 类型的指针，一般将此函数调用赋值给一个文件指针变量，从而把文件指针变量和指定的文件关联起来；若打开不成功，则返回 NULL。例如：

```
FILE *fp;
fp = fopen("file_a", "r");
```

其意义是在当前目录下打开文件 file_a，只允许进行"读"操作，并使 fp 指向该文件。

又如：

```
FILE *fp;
fp = fopen("d:\\file_b", "wb")
```

其意义是打开 D 驱动器磁盘的根目录下的文件 file_b，这是一个二进制文件，只允许按二进制方式进行"写"操作，并使 fp 指向该文件。路径中的符号\应当写成转义字符"\\"。

最常用的文件使用方式及其含义如表 12-1 所示。

表 12-1　常用文件使用方式及其含义

方式	含　义
r	为读而打开文本文件。当指定这种方式时，对打开的文件只能进行"读"操作。若指定的文件不存在，则会出错
rb	为读而打开一个二进制文件。其余功能与"r"相同
w	为写而打开文本文件。这时，如果指定的文件不存在，系统将用在 fopen 调用中指定的文件名建立一个新文件；如果指定的文件已存在，则将从文件的起始位置开始写，文件中原有的内容将全部消失
wb	为写而打开一个二进制文件。其余功能与"w"相似，从指定位置开始写
a	为在文件后面添加数据而打开文本文件。这时，如果指定的文件不存在，系统将用在 fopen 调用中指定的文件名建立一个新文件；如果指定的文件已存在，则文件中原有的内容将保存，新的数据写在原有内容之后
ab	为在文件后面添加数据而打开一个二进制文件。其余功能与"a"相同
r+	为读和写而打开文本文件。用这种方式时，指定的文件应当已经存在。既可以对文件进行读，也可对文件进行写，在读和写操作之间不必关闭文件。只是对于文本文件来说，读和写总是从文件的起始位置开始。在写新的数据时，只覆盖新数据所占的空间，其后的老数据并不丢失
rb+	为读和写而打开一个二进制文件。功能与"r+"相同。只是在读和写时，可以由位置函数设置读和写的起始位置，也就是说，不一定从文件的起始位置开始读和写
w+	首先建立一个新文件进行写操作，随后可以从头开始读。如果指定的文件已存在，则原有的内容将全部消失
wb+	功能与"w+"相同，只是在随后的读和写时，可以由位置函数设置读和写的起始位置
a+	功能与"a"相同，只是在文件尾部添加新的数据之后，可以从头开始读
ab+	功能与"a+"相同，只是在文件尾部添加新的数据之后，可以由位置函数设置开始读的起始位置

在打开文件时一般需要对文件是否正常打开做判断，因此经常出现类似于以下的程序段：

```
if((fp = fopen("d:\\file_b", "rb")) == NULL)
{
    printf("\ncannot open file!\n");
```

```
        exit(1);
    }
else
{
    ......
}
```

这段程序的意义是，如果返回的指针为空，表示不能打开指定文件，则给出出错信息并退出程序；如果返回的指针不为空，表示正确打开文件，正常执行后续的操作。

微课：认识并打开文件

还需要指出的是，当开始运行一个 C 程序时，系统将负责自动打开三个文件，分别是标准输入文件、标准输出文件和标准出错文件，并规定相应的文件指针为 stdin、stdout、stderr，它们已在 stdio.h 头文件中进行了说明。通常，stdin 和键盘联接，stdout 和 stderr 和终端屏幕联接。注意：这些指针是常量，不是变量，因此不能重新赋值。

（二）关闭文件

当对文件的读（写）操作完成之后，必须将它关闭，以避免后续的误操作。关闭文件可调用库函数 fclose 来实现。fclose 函数的调用形式：

```
fclose(文件指针);
```

当成功地执行了关闭操作，函数返回 0，否则返回非 0。

任务二　读写文件

任务要求

打开文件之后该如何从文件中读取数据进入程序，或者程序执行的结果如何写入文件呢？小明很期待学习这些步骤的操作方法。

本任务要求掌握文件的读写及函数的使用。

任务实现

对文件的读和写是最常用的文件操作。在C语言中提供了多种文件读写的函数，使用这些函数都要求包含头文件 stdio.h：

字符读写函数：fgetc 和 fputc；

字符串读写函数：fgets 和 fputs；

数据块读写函数：freed 和 fwrite；

格式化读写函数：fscanf 和 fprinf。

下面分别予以介绍。

（一）字符读写函数

当成功地打开文件之后，接下来的事情就是对文件进行输入或输出操作。最简单的是调用 fgetc

和 fputc 函数进行字符的输入和输出。

1. fputc 函数

fputc 函数的功能是把一个字符写入指定的文件中，函数调用的形式为：

fputc(字符量，文件指针);

其中，待写入的字符量可以是字符常量或变量，例如：

fputc('a',fp);

其意义是把字符'a'写入 fp 所指向的文件中。当输出成功，fputc 函数返回所输出的字符；如果输出失败，则返回一个 EOF 值，可用此来判断写入是否成功。EOF 是在 stdio.h 库函数文件中定义的符号常量，其值等于-1，可以作为文本文件结束标志。

fp 所指的文件即被写入的文件可以用写、读写或追加方式打开。写入一个字符，文件内部位置指针向后移动一个字节，这里的"文件内部位置指针"，是用来指向文件的当前读写字节。在文件打开时，该指针总是指向文件的第一个字节。使用 fputc 函数后，该位置指针将向后移动一个字节。因此，可连续多次使用 fputc 函数，输出多个字符。应注意文件指针和文件内部的位置指针不是一回事。文件指针是指向整个文件的，须在程序中定义说明，只要不重新赋值，文件指针的值是不变的。文件内部的位置指针用以指示文件内部的当前读写位置，每读写一次，该指针均向后移动，它不需在程序中定义说明，而是由系统自动设置的。

2. fgetc 函数

fgetc 函数的功能是从指定的文件中读一个字符，函数调用的形式为：

字符变量 = fgetc(文件指针);

例如：

ch = fgetc(fp);

其意义是从打开的文件 fp 中读取一个字符并送入 ch 中，这里 fp 所指的文件必须是以读或读写方式打开的。

以下程序例子演示了文件打开、写入、关闭、再打开、读取、再关闭的过程：

```
#include<stdio.h>
#include<stdlib.h>      //为了使用exit()
int main()
{
    FILE *fp;
    char ch;
    if((fp = fopen("d:\\a.txt", "w")) == NULL)
    {
        printf("Cannot open file\n");
        exit(1);
    }
    printf("input a string:");
    while ((ch = getchar()) != '\n')
    {
        fputc(ch, fp);
    }
    fclose(fp);
```

```
if((fp = fopen("d:\\a.txt", "r")) == NULL)
{
    printf("Cannot open file\n");
    exit(1);
}
while((ch = fgetc(fp)) != EOF)
{
    putchar(ch);
}
printf("\n");
fclose(fp);

return 0;
}
```

上述程序首先以写的方式打开 a.txt 文件，然后从键盘输入字符，并将这些字符输出（写入）到该文件，之后关闭该文件。后半部分以读的方式再次打开该文件，逐个读取字符输入到字符 ch，并输出该字符到显示器，最后再关闭该文件。

（二）字符串读写函数

1. fputs 函数

fputs 函数用来把字符串输出到文件中。调用形式：

```
fputs(str, fp);
```

其中，fp 是文件指针；str 是待输出的字符串，可以是字符串常量、指向字符串的指针或存放字符串的字符数组名等。用此函数进行输出时，字符串中最后的'\0'并不输出，也不自动加'\n'。若输出成功，函数值为正整数，否则为-1(EOF)。例如：

```
fputs("12345", fp);
```

其意义是把字符串 "12345" 写入 fp 所指的文件之中。

根据 fputs 函数操作特点，需要注意的是，调用函数多次输出字符串时，文件中各字符串将首尾相接，它们之间将不存在任何间隔符。

2. fgets 函数

fgets 函数用来从文件中读入字符串。调用形式：

```
fgets(str, n, fp);
```

其中，fp 是文件指针，str 是存放字符串的起始地址，n 是一个 int 类型变量。函数的功能是从 fp 所指文件中读入 n-1 个字符放入 str 为起始地址的空间内；如果在未读满 n-1 个字符之时，已读到一个换行符或一个 EOF（文件结束标志），则结束本次读操作，读入的字符串中最后包含读到的换行符。因此，确切地说，调用 fgets 函数时，最多只能读入 n-1 个字符。读入结束后，系统将自动在最后加'\0'，并以 str 作为函数值返回。

（三）数据块读写函数

C 语言还提供了用于整块数据的读写函数，适用于二进制文件，可用来读写一组数据，如一个数组元素，一个结构体变量的值等。

读数据块函数调用的一般形式为：

fread(buffer,size,count,fp);

写数据块函数调用的一般形式为：

fwrite(buffer,size,count,fp);

其中，buffer 是一个指针，在 fread 函数中，它是一个内存块的首地址，输入的数据存入这个内存块中；在 fwrite 函数中，它是准备输出的数据的起始地址。

size　　表示数据块的字节数。

count　表示要读写的数据块块数。

fp　　　表示文件指针。

例如：

fread(fa, 4, 5, fp);

其意义是从 fp 所指的文件中，每次读 4 个字节（相当于一个 float 实数）送入实数组 fa 中，连续读 5 次，即读 5 个实数到 fa 中。

（四）格式化读写函数

> 微课：使用文件
> 读写函数

1. fprintf 函数

fprintf 函数按格式将内存中的数据转换成对应的字符，并以 ASCII 代码形式输出到文本文件中。fprintf 函数和 printf 函数相似，只是输出的内容将按格式存放在磁盘的文本文件中。函数的调用形式：

fprintf(文件指针，格式控制字符串，输出项表);

例如，若文件指针 fp 已指向一个已打开的文本文件，x、y 分别为整型变量，则以下语句将把 x 和 y 两个整型变量中的整数按%d 格式输出到 fp 所指的文件中：

fprintf(fp，"%d %d", x, y);

语句：fprintf(stdout,"%d %d", x, y);

等价于：printf("%d %d", x, y);

因为文件名 stdout 就是代表终端屏幕。

2. fscanf 函数

fscanf 函数只能从文本文件中按格式输入。fscanf 函数和 scanf 函数相似，只是输入的对象是磁盘上文本文件中的数据。函数的调用形式：

fscanf(文件指针，格式控制字符串，输入项表);

例如，若文件指针 fp 已指向一个已打开的文本文件，a、b 分别为整型变量，则以下语句从 fp 所指的文件中读入两个整数放入变量 a 和 b 中：

fscanf(fp,"%d%d", &a, &b);

注意　　文件中的两个整数之间用空格（或跳格符、回车符）隔开。

语句：fscanf(stdin,"%d%d",&a,&b);

等价于：scanf("%d%d",&a,&b)；

因为文件名 stdin 就是代表终端键盘。

（五）文件定位函数

前面介绍的对文件的读写方式都是顺序读写，即读写文件只能从头开始，顺序读写各个数据。但在实际问题中常要求只读写文件中某一指定的部分。为了解决这个问题可移动文件内部的位置指针到需要读写的位置，再进行读写，这种读写称为随机读写。

实现随机读写的关键是按要求移动位置指针，这称为文件的定位。

1. rewind 函数

rewind 函数在使用上非常简单，其调用形式为：

rewind(文件指针)；

它的功能是把文件内部的位置指针移到文件首。在前文字符读写函数的程序例子中，文件先以写的方式打开，后关上，再以读的方式打开，使用后又关上。如果引入 rewind 函数，那么文件打开只需一次。

将文件打开写成以下形式：

fp = fopen("d:\\a.txt", "w+")   //打开方式为"w+"

在写操作完成后，不必再关上文件，而是加上一句：

rewind(fp)；

就把文件内部的位置指针移到文件开始位置，可以接着进行读操作。

2. fseek 函数

fseek 函数用来移动文件位置指针到指定的位置上，接着的读或写操作将从此位置开始。fseek 函数的调用形式：

fseek(pf,offset,origin)；

其中，pf 是文件指针；offset 是以字节为单位的位移量，长整型数，当用常量表示位移量时，要求加后缀"L"；origin 是起始点，用以指定位移量是以哪个位置为基准起始点的，规定的起始点有三种：文件首、当前位置和文件尾，起始点既可用标识符来表示，也可用数字来代表，如表 12-2 所示。

表 12-2 起始点

起始点	表示符号	数字表示
文件首	SEEK_SET	0
当前位置	SEEK_CUR	1
文件末尾	SEEK_END	2

值得说明的是，fseek()一般用于二进制文件，在文本文件中由于要进行转换，计算的位置有时会出错。对于二进制文件，当位移量为正整数时，表示位置指针从指定的起始点向文件尾部方向移动；当位移量为负整数时，表示位置指针从指定的起始点向文件首部方向移动。对于文本文件，位移量必须是 0。

例如：

fseek(fp, 100L, 0)；

其意义是把文件位置指针移到离文件首 100 个字节处。

假设 pf 已指向一个文本文件：

fseek(pf, 0L, SEEK_SET);

其意义是使文件位置指针移到文件的开始。

fseek(pf, 0L, SEEK_END);

其意义是使文件位置指针移到文件的末尾。

3. ftell 函数

微课：使用文件
定位函数

ftell 函数用以获得文件当前位置指针的位置，函数返回值给出当前文件位置指针相对于文件开头的字节数。

若 fp 已指向一正确打开的文件，则函数调用形式：

long t;
t = ftell(fp);

打开一个文件时，通常并不知道该文件的长度，通过以下函数调用可以求出文件的字节数：

fseek(fp, 0L, SEEK_END);
t = ftell(fp);

任务三　检测文件

任务要求

在 C 语言文件的应用中，常见的还有一类检测函数。

本任务要求掌握这类函数的使用。

任务实现

（一）文件结束检测函数

以 EOF 作为文件结束标志的文件必须是文本文件。在文本文件中，数据都是以字符的 ASCII 代码值的形式存放的，我们知道，ASCII 代码值的范围是 0 到 255，不可能出现-1，因此可以用 EOF 作为文件结束标志。当把数据以二进制形式存放到文件中时，就会有-1 值的出现，因此不能采用 EOF 作为二进制文件的结束标志。

为此，C 提供一个 feof 函数，用来判断文件是否结束。调用格式：

feof(文件指针);

如果遇到文件结束，函数 feof(fp)的值为 1，否则为 0。feof 函数既可用于判断二进制文件，又可用于判断文本文件。

微课：使用文件
检测函数

（二）读写文件出错检测函数

读写文件出错检测函数 ferror 调用格式：

ferror(文件指针);

其功能是检查文件在用各种输入输出函数进行读写时是否出错。如果 ferror 返回值为 0，则表示未出错，反之表示有错。

（三）文件出错标志和文件结束标志置零函数

文件出错标志和文件结束标志置零函数 clearerr 函数调用格式：

clearerr(文件指针);

其功能是用于清除出错标志和文件结束标志，使它们为 0 值。

← 课后练习

1. 以下叙述中错误的是（　　）。

查看答案与解析 12

A. C 语言中对二进制文件的访问速度比文本文件快

B. C 语言中，随机文件以二进制代码形式存储数据

C. 语句 FILE fp; 定义了一个名为 fp 的文件指针

D. C 语言中的文本文件以 ASCII 码形式存储数据

2. 以下叙述中正确的是（　　）。

A. C 语言中的文件是流式文件，因此只能顺序存取数据

B. 打开一个已存在的文件并进行写操作后，原有文件中的全部数据必定被覆盖

C. 在一个程序中当对文件进行写操作后，必须先关闭该文件，然后再打开，才能读到第 1 个数据

D. 当对文件的读（写）操作完成之后，必须将它关闭，否则可能导致数据丢失

3. 设 fp 为指向某二进制文件的指针，且已读到此文件末尾，则函数 feof(fp)的返回值为（　　）。

A. EOF　　　　　　　　B. 非 0 值　　　　　　C. 0　　　　　　　　　D. NULL

4. 若要打开 A 盘上 user 子目录下名为 abc.txt 的文本文件进行读、写操作，下面符合此要求的函数调用是（　　）。

A. fopen（"A:\user\abc;txt", "r"）　　　　B. fopen（"A:\\user\\abc;txt", "r+"）

C. fopen（"A:\user\abc;txt", "rb"）　　　　D. fopen（"A:\\user\\abc;txt","w"）

5. 下列关于 c 语言数据文件的叙述中正确的是（　　）。

A. 文件由 ASCII 码字符序列组成，C 语言只能读写文本文件

B. 文件由二进制数据序列组成，C 语言只能读写二进制文件

C. 文件由记录序列组成，可按数据的存放形式分为二进制文件和文本文件

D. 文件由数据流形式组成，可按数据的存放形式分为二进制文件和文本文件

6. 有以下程序：

```
#include <stdio.h>
main( )
{
    FILE *fp; int i,k=0,n=0;
    fp=fopen("d1.dat","w");
    for(i=1;i<4;i++) fprintf(fp, "%d",i);
    fclose(fp);
    fp=fopen("d1.dat", "r");
```

```
        fscanf(fp, "%d%d",&k,&n); printf("%d %d\n",k,n);
        fclose(fp);
}
```

执行后输出结果是（　　）。

    A．1 2　　　　　　　　B．123 0　　　　　　　C．1 23　　　　　　　　D．0 0

7．有以下程序：

```
#include <stdio.h>
main()
    {
    FILE *fp; int i=20,j=30,k,n;
    fp=fopen("d1.dat","w");
    fprintf(fp,"%d\n",i);fprintf(fp,"%d\n",j);
    fclose(fp);
    fp=fopen("d1.dat","r");
    fscanf(fp,"%d%d",&k,&n); printf("%d%d\n",k,n);
    fclose(fp);
}
```

程序运行后的输出结果是（　　）。

    A．20　30　　　　　　B．20　50　　　　　　C．30　50　　　　　　D．30　20

8．以下程序企图把从终端输入的字符输出到名为 abc.txt 的文件中，直到从终端读入字符#时结束输入和输出操作，但程序有错。

```
#include   <stdio.h>
main()
{   FILE   *fout; char   ch;
    fout=fopen("abc.txt",'w');
    ch=fgetc(stdin);
    while(ch!='#')
    {   fputc(ch,fout);
        ch =fgetc(stdin);
    }
    fclose(fout);
}
```

出错的原因是（　　）。

    A．函数 fopen 调用形式有误　　　　　　B．输入文件没有关闭

    C．函数 fgetc 调用形式有误　　　　　　D．文件指针 stdin 没有定义